管翅式换热器结构优化

——以风机盘管换热器和电厂氢冷器为例

李 宁 崔增光 著

北 京
冶 金 工 业 出 版 社
2023

内 容 简 介

本书系统地阐述了管翅式换热器的结构优化方法和实际工程应用，主要内容包括管翅式换热器的特点和结构，基于遗传算法的管翅式换热器单目标与多目标结构优化方法，空调工业中风机盘管换热器的优化设计目标、模型建立和优化设计结果分析，电厂大型汽轮发电机氢冷器的优化设计目标、模型建立和优化设计结果分析。

本书可供建筑工程、供热供燃气通风及空调工程、能源动力及能源环保行业的科研人员、设计人员、管理人员、教学培训人员和政府部门有关人员阅读，也可供高等院校相关专业师生参考。

图书在版编目(CIP)数据

管翅式换热器结构优化：以风机盘管换热器和电厂氢冷器为例/李宁，崔增光著. —北京：冶金工业出版社，2023. 9

ISBN 978-7-5024-9639-5

Ⅰ. ①管… Ⅱ. ①李… ②崔… Ⅲ. ①翅板式换热器—结构设计 Ⅳ. ①TQ051. 5

中国国家版本馆 CIP 数据核字（2023）第 192216 号

管翅式换热器结构优化——以风机盘管换热器和电厂氢冷器为例

出版发行 冶金工业出版社 **电　　话** (010)64027926
地　　址 北京市东城区嵩祝院北巷 39 号 **邮　　编** 100009
网　　址 www. mip1953. com **电子信箱** service@ mip1953. com

责任编辑 杜婷婷 美术编辑 彭子赫 版式设计 郑小利
责任校对 李欣雨 责任印制 窦 唯
三河市双峰印刷装订有限公司印刷
2023 年 9 月第 1 版，2023 年 9 月第 1 次印刷
710mm×1000mm 1/16；8. 25 印张；161 千字；125 页
定价 68. 00 元

投稿电话 (010)64027932 投稿信箱 tougao@ cnmip. com. cn
营销中心电话 (010)64044283
冶金工业出版社天猫旗舰店 yjgycbs. tmall. com
（本书如有印装质量问题，本社营销中心负责退换）

前　言

目前，我国能源形势日益严峻，环境污染问题不断加剧，节能减排政策的实施意义重大。“双碳”目标的提出，体现了我国应对全球气候变化的积极立场，以及实现绿色发展和低碳转型的决心。

换热器作为工业生产中广泛应用的重要能源部件，节能潜力巨大，越来越受到人们的关注。本书选择管翅式换热器作为研究对象，管翅式换热器的换热原件为翅片管，翅片管成功地解决了管式传热元件内外两侧换热能力不匹配的难题，在换热能力较弱的一侧用扩展表面的办法来提高整体的传热效果，可使换热器结构更紧凑、更合理。管翅式换热器已广泛应用于能源、环保、空调、电子等相关领域，并形成了日益壮大的产业集群。

为实现管翅式换热器的优化设计，本书运用了基于遗传算法的优化设计方法。遗传算法是一种模拟生物遗传进化过程的全局搜索优化方法，在优化设计领域具有广泛的应用基础，适用于单目标优化和多目标优化。本书选用在管翅式换热器应用领域具有代表性的风机盘管换热器和电厂氢冷器作为计算案例，结合遗传优化算法和不同的适应度函数，开展了单目标和多目标结构优化研究。风机盘管是应用极为广泛的半集中式空调系统的室内末端装置，管翅式换热器作为风机盘管机组之中的换热盘管，承担着空调冷水或热水与室内空气之间热量交换的功能，是风机盘管系统效率提升的重要环节。氢冷器是大型汽轮发电机组的重要组成部件，其主要作用是将发电机运行时所产生的热量排出，通常要求发电机氢气冷却器有紧凑的结构和较高的冷却效率。

本书的研究对于优化管翅式换热器的传热性能、提高管翅式换热器工作的效率、提升工业过程的能量利用效率具有一定的指导意义。相信本书将在管翅式换热器的优化、设计、应用、培训等方面发挥作用。

在本书撰写过程中，参考了有关文献资料，在此向文献资料的作者表示感谢。

由于作者水平所限，书中不妥之处，敬请读者提出宝贵意见，不胜感激，也欢迎不同研究领域的朋友展开交流与讨论，共同进步。

作 者

2023 年 3 月

目　录

1 绪　　论

2020年9月，国家主席习近平在第七十五届联合国大会一般性辩论上发表重要讲话，提出我国二氧化碳排放力争于2030年前达到峰值，努力争取2060年前实现碳中和。2020年10月，中国共产党第十九届中央委员会第五次全体会议通过《中共中央关于制定国民经济和社会发展第十四个五年规划和二〇三五年远景目标的建议》。我国“双碳”目标的提出，顺应了全球可持续发展的潮流，也体现了我国应对全球气候变化的积极立场，以及实现绿色发展和低碳转型的雄心与魄力，而这正始于影响我国未来经济走向的“十四五”规划。因此，在中国实现碳中和目标亟须强化科技支撑的关键时刻，发展节能技术、促进节能减排具有重要意义。

1.1 国内外能源消耗及碳排放现状

如今，世界能源结构仍以化石能源为主，化石能源在相当长的时期内，仍将是人类赖以生存和发展的基础。但是，化石能源日渐枯竭和环境污染严重的问题突显，世界各国纷纷制定能源安全发展战略。我国能源蕴藏量居世界前列，但人均能源占有量和消耗量远低于世界平均水平。我国已经成为世界第二大能源生产国和消耗国，能源消耗以煤炭为主。从能源消耗的历史来看，我国的能源消耗呈持续上升趋势。根据国际能源署（IEA，International Energy Agency）的预测，到2030年，我国的一次能源需求（以标煤计）将达到54.8亿吨，在实施能源替代政策的情况下，也将达到46.5亿吨，如图1-1所示。

随着能源消耗的不断增加，全球二氧化碳排放量也逐渐增加（见图1-2），结果导致全球变暖，海洋气候变化无常，进而导致许多自然性灾难发生。2022年，IEA发布《全球能源回顾：2021年二氧化碳排放》报告指出，2021年，全球能源领域二氧化碳排放量达到363亿吨，同比上涨6%，超过了新冠疫情暴发前的水平，创下历史最高纪录。2021年，飙涨的天然气价格让燃煤发电强势复苏是能源领域碳排放量强劲反弹的主要原因。

从碳排放地区来看，2020年亚太地区二氧化碳排放量最大，占比52.38%；其次为北美地区和欧洲地区，分别为16.59%、11.23%。从国家分布情况来看，

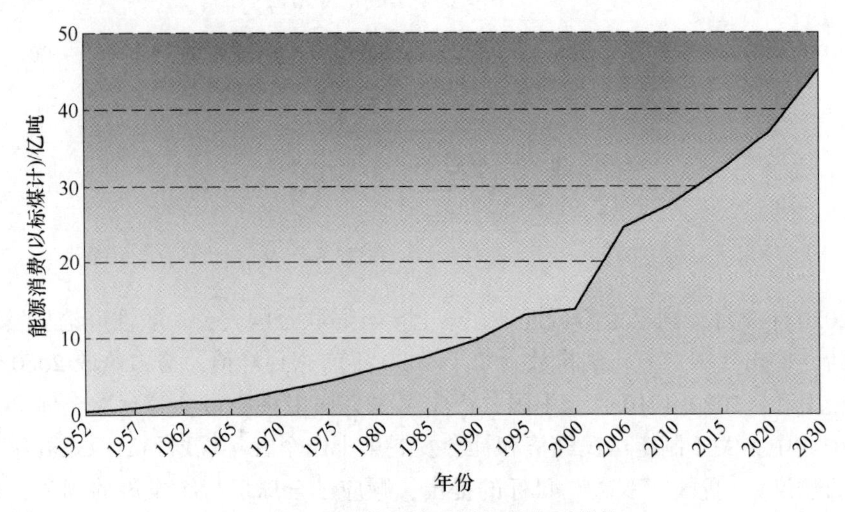

图 1-1 我国能源消费增长的发展趋势

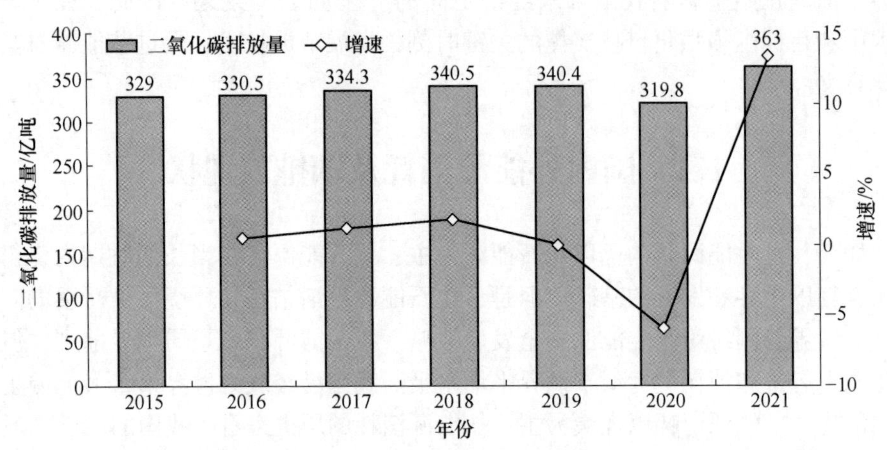

图 1-2 2015—2021 年全球二氧化碳排放量及增速情况

（来源：华经产业研究院）

2020 年，中国二氧化碳排放量为 98. 94 亿吨，全球排名第一；美国二氧化碳排放量为 44. 32 亿吨，全球排名第二；印度二氧化碳排放量为 22. 98 亿吨，全球排名第三。

2021 年，全球二氧化碳排放量前十名国家分别为中国、美国、印度、俄罗斯、日本、伊朗、德国、韩国、沙特阿拉伯、印度尼西亚，如图 1-3 所示。其中中国、印度是人口大国，碳排放分别为 105. 23 亿吨、25. 53 亿吨；美国碳排放为 47. 01 亿吨，是人均碳排放量最高的国家。

从国内二氧化碳排放行业分布情况来看，2021 年前三季度电力行业共排放

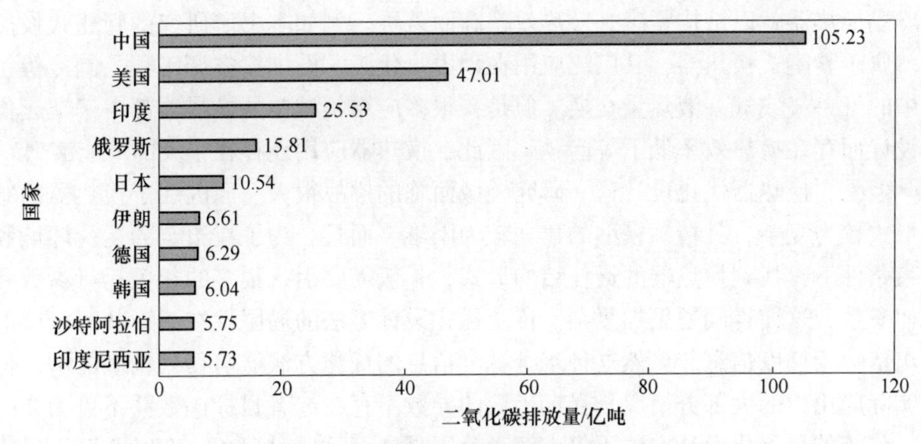

图 1-3 2021 年全球二氧化碳排放量前十名国家

（来源：智研咨询）

二氧化碳 37.56 亿吨，工业排放 33.31 亿吨，地面交通排放 6.31 亿吨，居民消费排放 5.52 亿吨，国内航空排放 0.48 亿吨，国际航空排放 0.1 亿吨，分别约占总排放量的 45%、40%、7%、7%、1%和 0%，如图 1-4 所示。

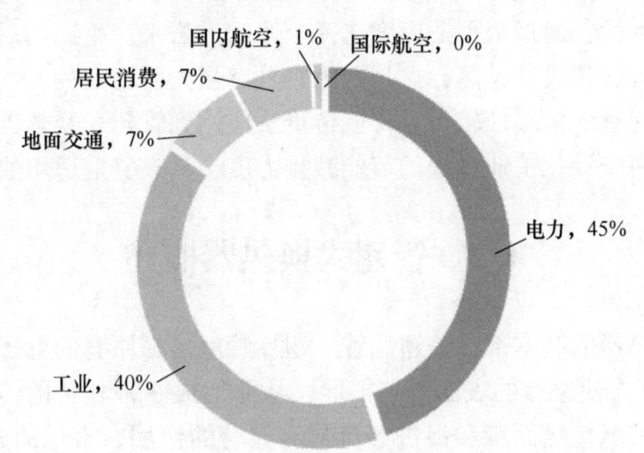

图 1-4 2021 年 1—9 月中国二氧化碳排放行业分布情况

（来源：华经产业研究院）

1.2 换热器传统优化设计方法存在的问题

换热器作为工业生产中最为重要的能源部件之一，越来越受到人们的关注。因此，对换热器进行优化设计，提升换热器的性能和降低能耗，愈发重要。尽管换热器的种类繁多，但高效性和紧凑性一直是换热器换热设备的主要性能指标。

紧凑式换热器就以结构紧凑、换热效率高而著称。例如本书所研究的管翅式换热器就属于紧凑式换热器，其广泛应用在动力、化工、石油、空调工程、制冷等领域中的气—气或气—液热量交换。但是，很多应用领域中的换热器都由于缺乏优化设计而存在换热效率低下等问题。因此，换热器应用还存在很大的节能潜力。

但是，换热器优化设计这一研究领域面临的挑战很大。原因在于换热器的结构形式较为复杂，其精确模型的建立较为困难。而且，为了在给定的运行环境和约束条件下，找到换热器的最佳结构形式，一般需要引入很多的相关运行参数和几何参数，这使得问题更加复杂。传统优化设计方法的局限性在于，其可行解的得出依赖于梯度信息。虽然这种基于梯度信息的优化方法能够得到精确的解，但是实际应用中的大部分情况是目标函数的导数不存在或者目标函数并不可为。因此，传统的最优化设计方法不仅求解十分困难，而且费时费力，有时甚至无法得出结果。所以，考虑到所研究的管翅式换热器结构的复杂性，需要更为有效的优化设计方法来实现最优化设计。

先进优化设计方法的发展，为管翅式换热器的优化设计提供了新的途径。遗传算法是一种全局搜索方法，是模拟生物遗传进化过程的一种方法。遗传算法首先建立种群，并在种群的基础上优胜劣汰，使得种群向有利的方向进化发展，在进化的每一个世代，通过根据适应度选择个体的方法来产生新的后代。本书选用遗传算法来进行优化设计计算，这是因为它具有强大而稳定的全局搜索能力，而且对具体研究问题的依赖性较小。将遗传算法应用到管翅式换热器的结构优化设计，有利于进一步深化工业过程的节能减排力度，具有普遍适用的实用价值。

1.3 管翅式换热器概述

管翅式换热器的基本部件是翅片管。翅片管就是在原有的管子表面上增加翅片（也称肋片），使原有的表面得到扩展，从而形成一种独特的传热元件。这种传热元件对于扩展换热面积和促进湍流具有显著的作用。常见的翅片管如图 1-5 所示。管翅式换热器的结构与一般管壳式换热器类似，只是用翅片管代替了光管作为传热面。其由于传热加强、结构紧凑，故可做成紧凑式换热器。管翅式换热器也经常用于加热或冷却管外气体，而在管内通以蒸汽或水，如空冷器、锅炉省煤器和暖气片等。

1.3.1 翅片管的优缺点

翅片管的优点如下。

(1) 传热能力强。与光管相比，翅片管传热面积可增大数倍，传热系数也可相应提高。

图 1-5 常见翅片管

(2) 结构紧凑。由于单位体积传热面加大，传热能力增强，同样热负荷下与光管相比，翅片管换热器管子少，筒体直径或高度可减小，因而结构紧凑且便于布置。

(3) 可以更有效和合理地利用材料。翅片管不仅因为结构紧凑而使材料用量减少，而且有可能针对传热和工艺要求来灵活选用材料，例如可以采用不同材料制成镶嵌或焊接翅片管等。

(4) 当介质被加热时，与光管相比，同样热负荷下的翅片管管壁温度有所降低，这对减轻金属面的高温腐蚀和超温破坏是有利的。

(5) 对于相变换热，翅片管可使换热系数或临界热流密度增高。

翅片管的主要缺点是造价高和流阻大。但是如果结构设计合理，可减少动力消耗，使得与传热加强的得益相比合算，进而提高整体的经济性。

1.3.2 翅片管的分类

翅片管可以按照不同的方式分类。

翅片管按照翅片的排列方向可以分为横向（径向）翅片管和纵向翅片管两类，如图 1-6 所示。也有其他类型，可以认为是以上两类的变形，如大螺旋角翅片管就接近于纵向翅片管，螺纹管接近于横向翅片管。翅片可以在管内、管外或者内外兼有，如图 1-7 所示。

翅片管按照用途大致可以分为四类，即与空气换热的翅片管、与烟气换热的翅片管、与有机介质或制冷介质换热的翅片管和用于电器元件散热的翅片管。与空气换热的翅片管应用最为广泛，主要应用领域有发电厂用空气冷凝冷却器、炼油厂各种油品的空气冷凝冷却器、提供烘干用热风的空气加热器、制冷空调系统的冷风机和热风机、供暖用热风幕和热风器、电子设备散热器等。其主要结构形

图 1-6 横向翅片管和纵向翅片管

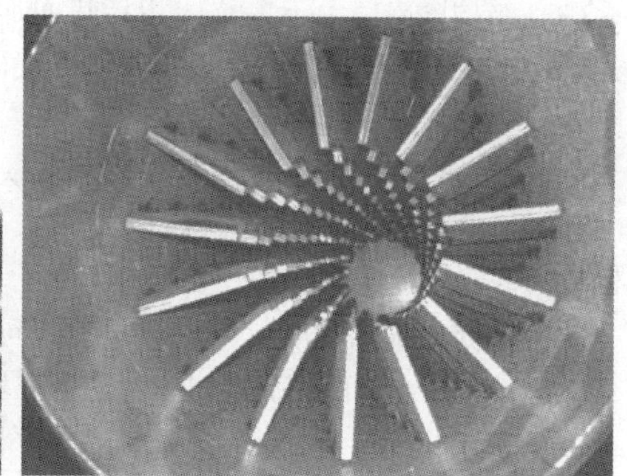

图 1-7 外翅片和内翅片

式有双金属复合轧制翅片管、整体轧制铝翅片管、L 形翅片管、板式翅片管。与烟气换热的翅片管需要考虑烟气的高温、腐蚀和积灰问题，因此在材质的选取、结构和形式上都需要有相应的措施。其主要应用于电站锅炉、供暖锅炉、工业锅炉的翅片管省煤器，热管式空预器，余热锅炉以及钢铁、石化、化工及各种工业炉的余热回收系统中。与烟气换热的翅片管主要有高频焊螺旋翅片管、整体型钢质螺旋翅片管、H 形翅片管、开齿型翅片管、钉头翅片管和纵向翅片管六种类型。在制冷空调系统中，由于其特殊的物理性质，其换热系数很低，仅为水介质的十分之一左右，因此采用与有机介质或制冷介质换热的翅片管来强化传热。翅片管也被广泛应用于各种电子器件的冷却和散热上，其特点是紧凑而精巧。因为大部分电子元件的体积和散热面积很小，而且安装空间狭小，所以要求翅片散热元件紧凑性好，而且要能与电子元件巧妙地结合在一起。用于电子元件散热的翅片管常见的应用形式有翅片基板式散热器、热管式散热器、微通道散热器等。

翅片管按照制造方法不同可分为整体翅片、焊接翅片和机械连接翅片。整体翅片经铸造、机械加工或轧制而成，翅片与管子一体，无接触热阻，强度高，耐热震和机械震动，传热、机械和热膨胀等性能较好，但制造成本提高，对低翅片比较适用。焊接翅片用钎焊或氩弧焊等工艺制造，制造简易、经济且具有较好的传热性能和力学性能，已在工业上广为应用。机械连接翅片管通常有绕片式、镶嵌式、热套或胀接式三种类型。机械连接翅片管的优点是经济，翅片和管子材料可任意组合，翅化比可加大，缺点是接触热阻可能因膨胀不均匀引起松动而加大。

2　优化设计方法概述

本书选用遗传算法作为换热器的优化设计搜索算法。下面分别对换热器优化设计方法、遗传算法的原理和特点、遗传算法的应用领域、遗传算法在换热器优化设计中的应用、单目标优化与多目标优化以及基于 MATLAB 的优化设计方法实现进行详细论述。

2.1　换热器设计优化方法和建模

换热器通常是一个系统的部件或一部分，而设计则是多学科的综合方法，在设计过程中要考虑很多定性和定量的设计因素，以及它们之间的相互影响和相互依赖关系，以实现设计的优化和整体方案的最优。换热器的优化，可以按照设计方法分为传统设计优化方法和新优化方法。

2.1.1　换热器优化的传统方法

传统的设计优化方法是首先按照经验选取一定的换热器结构体组合形式，然后再估算其换热性能和水力性能，并与条件中的传热、压降比较，最后调整设计参数的组合，经过多次试算找到与设计要求相符合的结构体组合参数。常用的传热分析方法有平均温差法（LMTD）、ε-NTU、P-NTU 三种，其中 P-NTU 法求解过程与 ε-NTU 相同。传统的设计方法包括近似计算法、LMTD 与 ε-NTU 三种，其中较为常用的是后两种方法。后两种方法都涉及迭代计算，ε-NTU 迭代次数相对较少，因此实际中常用 LMTD 来设计，ε-NTU 来校核。

2.1.2　换热器优化的新方法

传统优化方法的核心思想是在满足基本设计条件要求的范围内，某一个或者几个指标达到极值（即求导）。近年来计算机应用技术提高，传热和流动理论进一步发展，传热强化理论应用于换热器的优化当中，并且热物性研究深入，改进了换热器的材料，使得换热性能大幅提升。测试技术发展、换热系统最佳化评价方法新提出等，促进了换热器技术的发展。

（1）人工智能优化设计方法。人工智能优化设计方法是受自然（生物界）

规律的启发，模仿其原理、求解问题的方法，如遗传算法（GA）、量子遗传算法（GQA）、粒子群算法（PSO）、人工神经网络（ANN）、模糊逻辑（FL）、退火算法等。在搜索优化计算中，不需要目标函数的梯度值，只需要目标函数对应的适应度函数即可实现所有的算法操作。常用的代表软件有 MATLAB、Mathematica、Fortran 等。本书采用的遗传算法单目标、多目标优化就属于人工智能优化设计方法。

（2）数值模拟优化设计方法。随着数值传热传质学的发展，计算机仿真模拟技术已经成熟地用于自然对流、多相流、湍流、辐射换热等换热器的模型设计和开发当中。目前比较常用的模拟软件主要有 Fluent、Ansys、Phoenics 等。数值模拟的方法可以弥补试验耗资大、周期长等缺点，CFD 成为继实验和解析之后又一种研究流体流动、传热传质的新方法。运用 CFD 技术对介质流场进行计算机模拟，可以对其他方法难以掌握的瞬态的温度场和速度场有所了解，利于换热器的机理分析和结构优化以及更为精确细致的设计。

2.1.3 换热器建模

换热器模型建立的准确性会影响换热器优化结果的精度。而通常换热器的结构形式较为复杂，为了设计运行环境条件下的换热器最佳结构，需要引入一些相关的运行参数和其他约束条件，这就使得建立精确模型较为困难，导致换热器优化设计研究领域面临很多难题。此外，传统的换热器优化方法的解需要具有连续的梯度信息用于求导，导致其产生局限性。虽然连续性的梯度信息在优化中具有精确的解析解，但在实际的应用中，大部分的目标函数的导数不存在或者是目标函数不可微分。因此，使用传统方法求解换热器优化问题时不具有优势，甚至无法达到求解目的。

鉴于换热器结构的复杂性，需要更为有效的优化设计方法来实现最优化设计，本书选用遗传算法作为优化搜索算法。下面介绍遗传算法及其原理。

2.2 遗传算法的原理和特点

遗传算法作为进化算法中的一个重要的组成部分，最早是由 Holland 教授提出的。遗传算法的提出是基于 20 世纪 60 年代人们对自然和人工自适应系统的研究。经过 Holland 教授的研究，遗传算法结合了自然选择和遗传进化，能够实现种群的优化，这对于利用遗传进化的思想来解决复杂的优化问题具有十分重要的作用。

遗传算法的核心思想，来源于 Darwin 的进化论和 Mendel 的基因遗传理论，如图 2-1 所示。进化论中的优胜劣汰、适者生存的原理，是指种群总是向着更加适应所处环境的方向不断发展进化的，而个体将自己的特性遗传给子代个体，并在此过程中产生一些新的特性，最终，所遗传的特性能否得以保留，取决于这种特性是否能够适应环境的变化。基因遗传理论则指出，遗传信息以代码的方式存于细胞之中，并且作为遗传基因保存在染色体上，生物个体的各种外部特征，正是由保存在染色体不同位置上的不同的遗传基因来控制的。生物特性的变化，是由遗传基因的变异来实现的，而对于外部环境适应性较强的基因则得以不断保留下来。遗传算法正是通过模拟自然界生物遗传和进化的过程而产生的一种优化算法。

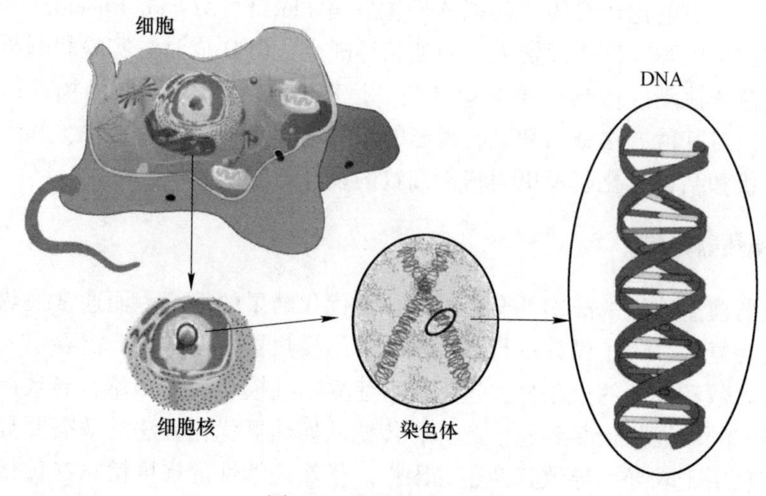

图 2-1 遗传算法示意图

遗传算法是一种自适应的全局优化搜索方法。其计算原理和过程如图 2-2 所示。在遗传算法中，初始世代的产生一般是随机进行的，但是可设定设计参数的选择范围。适应度函数是提前设定好的，用于评价种群中每个个体的适应性程度。父代的选择是根据个体的适应度的值进行的，适应度较高的个体被选中进而遗传到下一代的概率也较高，同时可启用惩罚机制降低不符合限制条件的个体被选中的机会。子代的产生过程中，应用了交叉和变异操作。就这样，新的世代不断地产生并繁衍后代，直到终止条件满足。

整个遗传算法的计算过程也可以用图 2-3 来形象地表示。图中的验证过程即为适应度函数评价的过程，遗传算法中的适应度函数，即为度量个体的适应程度的函数，用来衡量不同个体在优化设计计算的过程中，所达到的最优解的好坏程度。遗传计算过程中，在得出个体的目标函数值后，按照一定的转换规则由目标函数值得出个体的适应度值。除此之外，遗传算法的计算过程还包括遗传算法的三个重要操作算子——选择、交叉和变异。

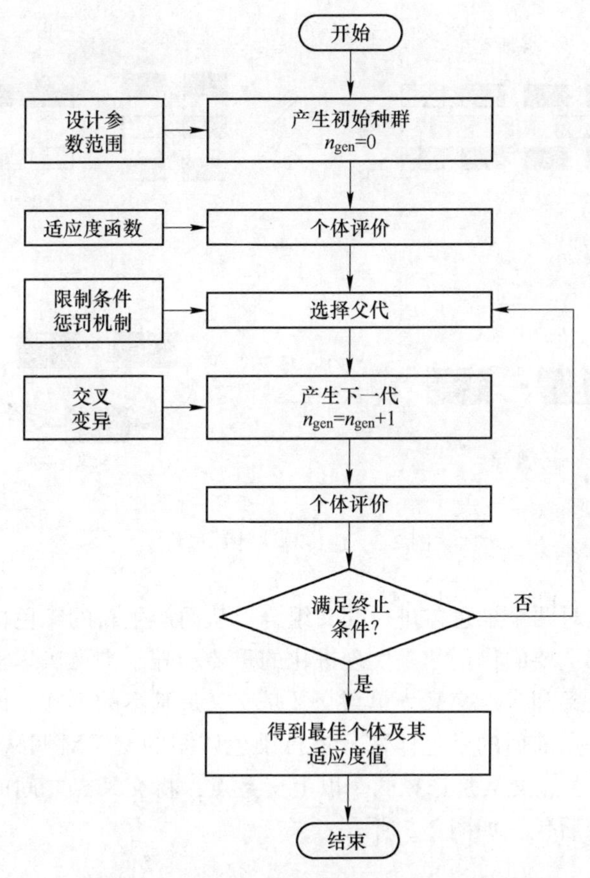

图 2-2 遗传算法操作原理与计算过程

遗传算法的运行过程，实际上是针对个体的编码进行遗传运算的，因此就需要一个对所求解问题的不同变量进行个体编码的过程。在遗传算法中，把一个实际问题从实际的解空间变换成遗传算法的搜索空间的转换方法就是编码的过程。目前，实际应用中的编码方法有二进制编码方法、浮点数编码方法和符号编码方法三类。其中，二进制编码方法应用最为广泛。这种编码方式的符号集是由 0 和 1 这两个二进制符号组成的，因此得到的个体基因表达形式为二进制编码的符号串集。当处理一些高精度、高维度的连续函数优化问题时，可以使用浮点数编码方法，这是因为此时二进制编码方法使用较为不便。

遗传算法中的遗传操作算子，包括选择、交叉、变异三种。选择算子是从旧有的群体中，选择出适应度比较大的个体，以便实现交叉和变异操作，进而产生新的种群。适应度越大的个体，被选择到的概率就越大，其遗传到下一代的可能性也就越大。目前应用的选择方法有轮盘方法等。

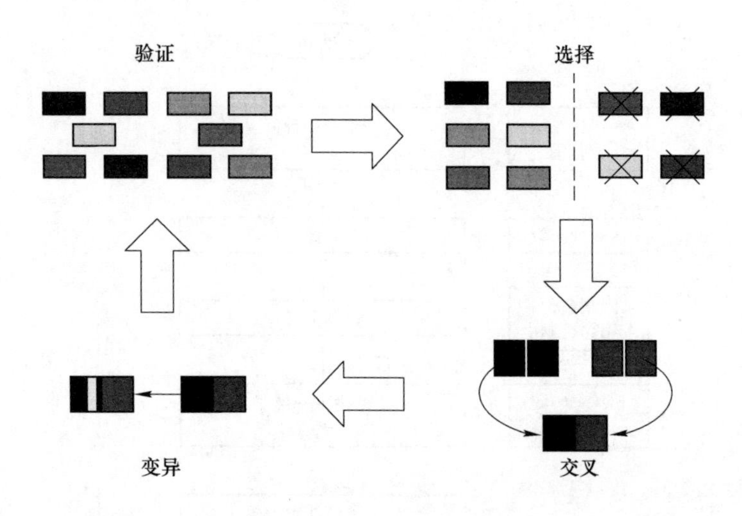

图 2-3　遗传算法计算过程

交叉操作是对两个染色体进行交叉组合，从而产生新的染色体。交叉算子在遗传算法中起着重要的作用，是实现进化的重要步骤。交叉操作根据交叉点的个数可分为单点交叉和多点交叉。单点交叉是交叉最基本的形式，即随机选择一个交叉点，将交叉点前后的染色体部分进行染色体间的交叉对调从而产生新后代，如图 2-4 所示。多点交叉是选择两个以上交叉点，将交叉点之间的染色体部分进行对调从而产生后代，如图 2-5 所示。

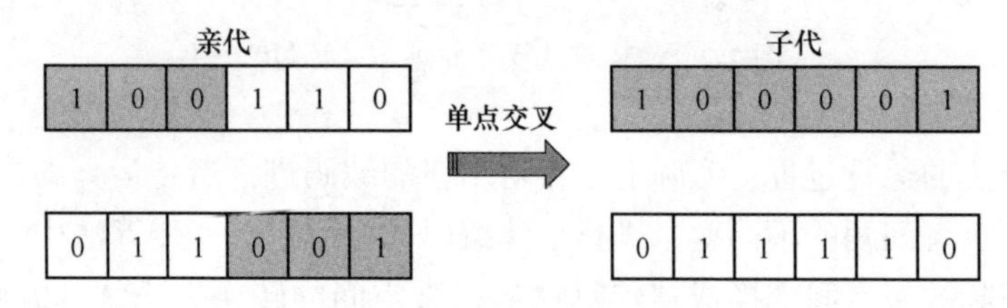

图 2-4　单点交叉操作

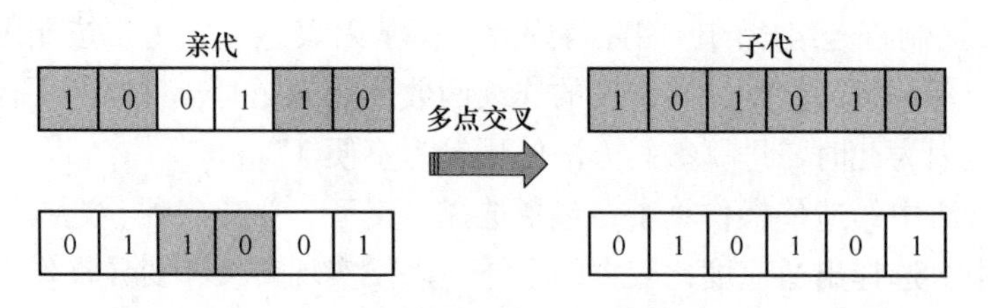

图 2-5　多点交叉操作

变异算子，模拟了生物进化过程中可能出现的偶然因素而导致的变异现象，使得生物个体表现出某些全新的特性。生物学后代在生长过程中，它们体内的基因会发生一些变化，使得它们与父母不同，这个过程称为变异。虽然变异的概率较小，但是它是新物种产生的重要作用力。正是因为变异，种群才存在多样性。一般地，定义变异为染色体上发生的随机变化，如图 2-6 所示。

图 2-6 变异操作示意图

遗传算法作为一种随机算法，并不是简单地执行随机搜索，而是通过现存的信息来搜索那些可以改善后代特性的信息，并使之有效地遗传下去，实现种群的进步。遗传算法本身对于所要求解的问题本身并不了解，而只是对每个个体的染色体进行评价，以适应度值作为评价标准，选择合适的染色体，使得适应性更高的染色体更容易被选中，从而遗传到下一代。用遗传算法来解决问题，是使复杂的自然问题，得到了简单的处理。遗传算法的特点可以概括为以下几点。

(1) 遗传算法进行计算的对象是变量的编码串集，而非单个解。遗传算法对比于传统优化算法的一个重要的不同就在于传统的算法通常是用变量的实际值开展运算和操作，而遗传算法则是以变量一定形式的编码串集为计算对象的。正是遗传算法的这种编码处理方法，使得在计算操作中模拟生物进化中的染色体基因传递过程成为可能，也可以很好地开展选择、交叉、变异的遗传操作。这种编码的处理方式，对于一些非数值概念的表达更加容易。

(2) 遗传算法实现优化问题的求解只需要设定目标函数即可，而不需要外部的其他辅助信息。一般传统的优化算法，为确定优化方向，除需要目标函数的值之外，还需要目标函数的梯度值，因此很大程度上限制了优化过程的实现。而遗传算法只需要目标函数对应的适应度函数即可实现所有的算法操作，从而掌握正确的搜索方向信息。遗传算法的这个特点大大地增加了其可应用范围，尤其是针对那些目标函数不可导，或者导数不能或者很难求出的情况。

(3) 遗传算法的全局搜索能力很强，这是由于遗传算法的搜索是从待解决问题的编码串集开始的，相当于从多个搜索点的信息出发，因此比较不容易陷入某个局部的最优解。这种搜索方法使得遗传算法的搜索覆盖面广，操作更加有效。此外，遗传算法的操作过程是同时针对群体中的多个个体进行处理的，评估搜索的范围更加广泛，而且这种操作特性更有利于并行化计算。

(4) 遗传算法还具有其他的优点。如遗传算法的概率搜索特性，这种方法区别于传统优化算法的确定搜索特性，即搜索点之间的转移并没有确定性的关系，而是以概率的方法进行选择、交叉和变异的操作。这种特性使得遗传算法的搜索过程相对灵活和有效。遗传算法还具有自适应的特性，即遗传算法可以自发地利用操作过程中搜索到的信息进行搜索，并最终得到最优化的解。此外，遗传算法还具有很强的容错能力，虽然初始的种群是随机选择的，其中的变量可能是远离最优化的变量，但是通过遗传算法的操作计算，能够快速地排除与最优解偏差较大的变量。同时，遗传算法的鲁棒性很好，这是遗传算法的重要优点。

2.3 遗传算法的应用领域

遗传算法作为一个最优化工具，主要是在20世纪70年代发展起来的。在1967年，Bagley首先引入“遗传算法”（Genetic Algorithm）这个说法，并最早发表了遗传算法的应用实例。但是，应用遗传算法的主要工作则是由Holland和De Jong在1975年开展的。到了20世纪80年代，遗传算法得到了进一步的发展。Grefenstette针对遗传算法处理复杂系统最优化问题过程中，如何设定和调整遗传算法参数，从而提高计算效率的问题，开展了研究，并将遗传算法应用到一个实际问题的优化计算中，验证了遗传算法的有效性。Baker针对遗传算法选择计算中如何减小偏差和提高效率开展了相关研究。Goldberg对遗传算法用于搜索和优化设计计算以及在机器学习中的应用进行了研究。如今，遗传算法已经应用于很多的领域，并且还在不断地发展完善。下面就对遗传算法的主要应用领域进行简要的概括。

（1）优化设计相关领域。这一领域是遗传算法的经典应用领域，也是遗传算法最早发展出的应用领域之一。Bi等人以水分配系统的优化设计为例说明如何通过启发式的抽样选取初始种群来改进遗传算法的效率。他们研究提出了一种叫作预筛选启发式抽样方法（PHSM）的新的启发式程序，并将这种方法用于7个不同大小的水分配系统的优化设计计算中，以检验其有效性。与其他非启发式的初始种群抽样方法的对比发现，这种方法在计算效率和稳定性方面都更为优越。Hu等人利用基于多岛遗传算法（Multi-Island Genetic Algorithm）的优化设计方法，对卫星分离系统的质量和分离角速度进行了低阶优化设计研究。研究结果表明，压缩弹簧弹射器的质量得到了减小，分离角速度可以最小化，且得到了地面测试和轨道试飞的进一步验证。Ismail等人应用遗传算法对一个包括光伏板、电池组和小型轮机的复合式远距离供电的可再生能源系统进行了优化设计。

（2）自动控制相关领域。在自动控制领域中，遗传算法可用于参数辨识、模糊控制器优化、人工神经网络的结构优化等。Cho等人证明了遗传算法可以很好地应用于模糊-比例积分微分（fuzzy-PID）控制器的参数的优化，包括模糊规则和比例积分微分系数的优化。他们在研究中考虑了多种控制器结构和控制要求，并通过模拟研究证明了遗传算法的有效性。Onieva等人针对无人驾驶汽车的行驶问题进行了研究。研究中应用遗传算法来调节一个模糊控制器，从而实现方向盘的控制操作。研究结果经过实际驾驶实验证实是有效的。

(3) 遗传编程相关领域。遗传编程的概念由 Koza 发展得到，他所使用的编码方法用 LISP 语言来表示，通过读一种树形结构的遗传操作而自动生成计算机程序。Belisario 和 Pierreval 针对牵引控制系统开展了研究。由于当系统提交的供给和需求变化时，在不可预知和随机的条件下，动态调整十分困难，因此引入了遗传算法的应用。由此，本书提出了一种基于仿真的遗传编程的方法来生成决策逻辑。Castelli 等人对遗传编程方法进行了改进，并用于电力系统的短期负荷预测模型的自动生成。研究中考虑了一个意大利南部地区的电力系统应用实例，实际验证证实，遗传编程方法优于国家当时最先进的方法。

(4) 机器学习相关领域。一般的自适应系统都应该具备自动学习的能力，而应用遗传算法的机器学习，已经在很多领域中得到了研究和应用。例如，遗传算法可以用于人工神经网络结构形式的设计以及网络中间权重值的调整。此外，遗传算法还可以用于模糊控制理论中，来调整模糊控制规则，或者对隶属度函数进行学习和调整。研究证明，利用遗传算法可以很好地改进模糊控制系统的性能。

(5) 图像处理相关领域。图像处理作为计算机视觉中的一个重要的研究方向，对于如何减小如图形分割、扫描等过程中所存在的误差，是调高图像处理效果的重要方法。目前，遗传算法已经在图形边缘特征提取、图像恢复和模式识别等方面得到了应用。Snyers 和 Petillot 考虑图像的二维结构特征，采用了新的编码方法。这种方法在计算机再现全息图实例中得到了验证，并显示这种方法的效果更好。Hoseini 和 Shayesteh 提出了一种结合遗传算法、蚁群优化（Ant Colony Optimisation）和模拟退火（Simulated Annealing）方法的混合算法，并应用于提高图像的对比度。研究结果显示，应用这种新的算法能够通过设计计算得到更高的图像对比度。

(6) 生产调度问题。在很多情况下，建立的生产调度数学模型，由于其复杂性，很难实现精确求解。在有些问题的处理中，对建立的模型进行了简化处理，但是由于简化较多，因此求解的结果与实际情况存在很大的差异。目前，针对复杂的生产调度问题，发展出了一系列的应用遗传算法来解题的方法，而且都得到了较好的计算结果。Perez-Vazquez 等人针对铁路运输中的调度问题与枕木的制造相关过程进行了研究。这个问题的复杂性在于其涉及多个约束条件和优化目标。约束条件包括生产能力的局限、现有模具数量的限制和其他操作上的限制。优化目标包括最大限度地提高制造资源的利用效率和减少模具的运用。研究中开发了一个解决此多目标问题的遗传算法。该算法已被证明是一个强大和灵活的工具。生产调度的目标是实现交货盈利平衡、缩短客户的交货时间，并最大限度地利用资源。然而，目前的做法是在预制生产调度基础上，依赖于经验，从而导致资源利用效率低下和延迟交货。此外，以前的方法忽略了站之间的缓冲区的大小，通常导致不可行的时间表。针对以上问题，为了提高预制生产调度，Ko 和 Wang 提出了一种多目标预制生产调度模型，在该模型中考虑了生产资源与站之间的缓冲区的大小。研究中应用了多目标遗传算法进行搜索，实现最小完工时间和拖期惩罚的最佳解决方案。通过五个实际案例，验证了该模型的性能，实验结果表明，建立的模型能够成功地达到预期的目标。

（7）机器人相关领域。作为一种难以精确建模的复杂的人工系统，机器人系统的研究需要应用遗传算法来提高其人工自适应能力。目前，遗传算法已经在关节机器人运动轨迹规划、移动机器人路径规划、细胞机器人的结构优化和行为协调、机器人逆运动学求解等方面得到了应用。Qu 等人应用改进的协同进化遗传算法对多移动机器人的全局路径规划问题进行了研究。改进的遗传算法计算更加有效，收敛性更好，且更易搜索到全局最优点，但易陷于局部最优点。Nikdel 等人针对柔性关节机器人的控制问题开展了研究。在研究中，一种状态反馈控制器在模糊理论模型的基础上建立，而为了提高系统的效率以及设定相关参数，应用了混合田口遗传算法（Hybrid-Taguchi genetic algorithm）。控制器被应用到实际的机器人系统中，证实了其有效性和稳定性。

除了以上介绍的研究领域之外，遗传算法还应用到了许多其他的研究方向，这里就不再做详细介绍了。

2.4 遗传算法应用于换热器优化研究

前文已经对遗传算法的原理和应用进行了介绍，在本书中，将使用遗传算法来进行换热器的优化设计。因此，为了实现遗传算法在换热器优化设计中的应用，需要首先明确遗传算法各项参数与换热器优化中各项参数的对应关系。

换热器各设计参数取不同的值时，将对应于优化设计目标的不同值。因此，存在一个最优的设计参数组合，使得在给定的约束条件下，优化设计目标取得最优值。因此，优化设计的过程就是寻找设计参数的最优组合，从而使优化目标函数取得最优值。而这一过程，正好符合遗传算法的操作过程。如果将设计参数的不同组合看作是遗传算法中的不同个体，则每个设计参数取不同的值，就相当于每个个体染色体上的基因取不同的值，代表不同的遗传信息。而每个基因的不同，将导致染色体携带信息的不同，代表个体特性也不同，从而导致个体适应度不同。

因此，当把遗传算法用于换热器优化设计时，遗传算法的适应度函数对应于换热器的优化设计目标，如换热系数、阻力损失和总成本费用等。遗传算法中的染色体基因则对应于换热器的设计变量的值，如管排数、每排管数、管径、翅片间距等。因此，换热设计变量的组合相当于遗传算法中的个体，而换热器设计变量不同组合的集合则对应于遗传算法中的种群。遗传算法中的操作规则，如选择、交叉和变异则相当于换热器优化设计中的搜索方法。遗传算法的约束条件对应于换热器优化设计中的参数限制条件。而遗传算法的遗传代数则为换热器优化设计迭代的步数。遗传算法与换热器优化的各项参数的对应关系如图 2-7 所示。图中，当换热器优化设计目标为一个时，则采用遗传算法的单目标优化方法；当换热优化设计目标为两个以上时，则采用遗传算法的多目标优化方法。

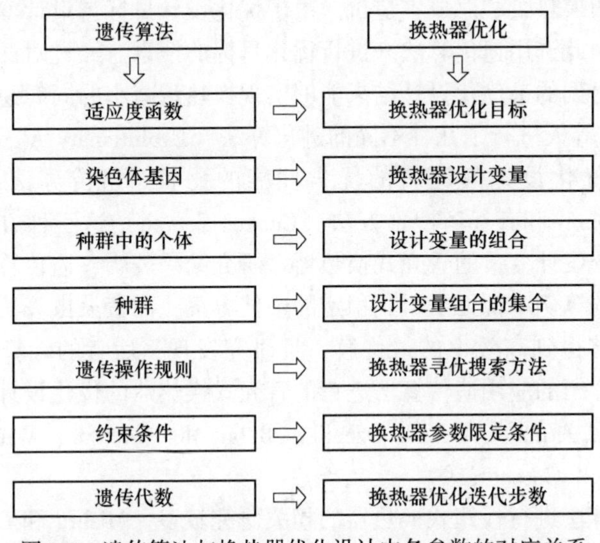

图 2-7 遗传算法与换热器优化设计中各参数的对应关系

遗传算法应用到热学领域起始于 20 世纪 90 年代。作为其中一个重要的方面，遗传算法在换热器优化设计中的应用，得到了广泛的研究和应用。遗传算法应用于不同类型的换热器，主要包括管壳式换热器、板翅式换热器和管翅式换热器。下面分别就不同的换热器类型中遗传算法的应用做简单的概述。

应用遗传算法进行管壳式换热器的研究较早，也相对较为成熟。Selbas 等人进行了管翅式换热器的最优化设计研究。优化设计的目标是在给定热量条件下，得出所需的最小的换热面积，从而控制换热器的造价。设定的设计变量包括管子外径、管子分布、管程数、外壳的直径、折流板间距和折流板弓形缺口。遗传算法用于调整这些设计变量的值，直到找到使得优化目标最小的组合结果。Ponce 等人应用遗传算法进行了管壳式换热器的优化设计。为了应用遗传算法，Ponce 等人利用 Bell-Delaware 关联式建立了可以计算传热系数和压力损失的模型。优化程序除包括对主要几何参数的选择，如管程数、管子的标准内径和外径、管子的布置、流体分配形式、密封条数以及入口和出口挡板间距等，还包括壳程和管程的压力损失。Guo 等人开发了一种新的管壳式换热器的优化设计方法，该方法应用以传热量与冷流体的入口温度的比值进行缩放的无因次熵产生率作为目标函数，以管壳式换热器的几何参数作为设计变量，应用遗传算法解决相关的优化问题。研究结果表明，对于给定的热负荷，不仅可以通过优化设计显著提高换热器效能，而且还可以大幅降低泵功率。在这种情况下，传热面积是固定的，从提高热交换器效率所得到的效益要大于增加泵功率所付出的代价。Amini 和 Bazargan 进行了管壳式换热器的多目标优化研究。选取的优化目标为在一定流体流量和进口温度条件下的换热量和总成本造价。由于优化设计目标与设计变量之间存在着复杂的关系，因此选用遗传算法来进行优化目标的搜索。经过对两个实际算例的研究发现，所得到的最优化设计结果能够实现换热量减小的同时总的成本也相应降低。Khosravi 等人进行了几种不同的进化算法（Evolutionary Algorithm）在解决管壳式换热器优化设计问题时的优劣性能的比较。遗传算法、萤火虫算法（Firefly Algorithm）和布谷鸟搜索方法（Cuckoo Search）这三种方法分别用来优化设计具有七个设计变量的管壳式换热器。研究结果表明，遗传算法进行优化设计在几个主要的算例中都无法得到稳定的最佳方案，而萤火虫算法和布谷鸟搜索方法却总是能够得到高效率的最优解，且研究发现，后者的计算机要求低于前者。除了以上介绍的应用遗传算法进行的管壳式换热器的优化设计研究之外，还有很多其他相关的研究，如 Ozcelik、Babu 和 Munawar、Wildi-Tremblay 和 Gosselin、Allen 和 Gosselin 等。

应用遗传算法进行板翅式换热器的相关研究较多。Mishra 和 Das 等人针对应用遗传算法的板翅式换热器优化设计问题开展了一系列的研究工作。最初的研究中，应用遗传算法进行了叉流板翅式换热器的应用研究，证明了对于板翅式换热器的优化设计问题，遗传算法有效。后续开展的工作对装有错置的带状翅片的板翅式换热器的优化设计进行了研究。本书采用热力学第二定律中的熵产单元数作为优化目标，在给定换热量和空间限制的条件下，能够得到板翅式换热器的最优化结构。Mishra 和 Das 等人在随后的研究中，将翅片间距、翅片高度、翅片偏移长度、冷流长度、无流动长度和热流流动长度这 6 个参数作为设计参数，应用 NSGA-Ⅱ遗传算法，对换热器效能和年总成本（投资和运行费用的总和）两个目标进行了优化设计。多目标优化的结果为一组多个最佳的解决方案。研究对最佳效能和年度总费用随设计参数变化的敏感性也进行了分析。在最近的相关研究中，针对板翅式换热器的最佳组合模式进行了优化设计。在给定最大热负荷和流体数量的条件下，应用遗传算法设计了板翅式换热器的最佳组合模式，并进行了验证。Peng 和 Ling 应用遗传算法与人工神经网络相结合的优化设计方法对板翅式换热器进行了优化设计。设计目标为总的重量和年度总的成本。总重量目标为确保换热器的最小尺寸，以降低初投资，而年度总成本目标，为考虑到能量消耗与换热器重量之间的关系，而确定最佳的压力损失。最终通过数值模拟计算证实了以上方法的有效性。Yousefi 等人研究了遗传算法与粒子群优化算法（Particle Swarm Optimization）相结合的优化设计方法在板翅式换热器中的应用，并通过实际算例证实了这种优化方法的有效性和准确性。对比研究发现，将这两种算法相结合的算法具有更好的收敛精度。Zhao 和 Li 针对板翅式换热器层与层之间的结构布置形式开展了研究，并对遗传算法在这一问题中的应用，包括用二进制串表示冷热层交替排列、交替作用于染色体个体上的双重适应度函数、冷热流体层间空间要求以及遗传算法各参数的选择等，进行了详细的论述。Guo 等人着眼于板翅式换热器的安全性，运用遗传算法设计了板翅式换热器可以防止流体从相邻通道避免泄漏的安全结构。该结构是在板翅式换热器的层之间的空腔内，填充高导热柱形金属。遗传算法则用于这些柱形金属分布的最优化，以达到最优的换热性能。优化后的结构提供了一种新的、可行的、安全的板翅式换热器，本研究采用遗传算法和蒙特卡罗算法（Monte Carlo algorithm），可为换热器优化提供一些设计准则。关于板翅式换热器的层与层之间结构的优化研究，除了数值计算之外还有相关的实验研究，如 Wang 等人的研究。除了以上介绍的应用遗传算法进行的板翅式换热器的优化设计研究之外，还有很多其他相关的研究，如 Najafi 等人、Xie 等人和 Zarea 等人。

经文献调研发现，现有研究中，应用遗传算法进行管翅式换热器优化设计的相关研究相对较少。为解决管翅式换热器中制冷剂环路的优化设计问题，Wu 等人开发了一种改进的遗传算法，在此算法中，制冷剂管路的解由一维的字符串表示，这样既可以节省计算机计算的内存量，又可以实现对时间的解码。并且，在遗传算法的整个计算过程中，为避免物理不可能解的出现而设置了制冷剂环路的修正因子。对三个不同的管翅式换热器的实例进行求解发现，无论从优化速度还是从输出的最优化解的质量来看，改进的遗传算法都比传统的遗传算法具有更加优越的性能。Sepehr 和 Dehghandokht 对一个扁管翅片式的冷凝器进行了建模和优化设计研究。在所建立的模型的基础上，应用遗传算法的多目标优化技术，以换热器的换热量和压力损失为优化目标进行了多目标优化设计，并得到了一系列最优化的设计点组合。

遗传算法除了应用于以上介绍的单个换热器的优化设计之外，还广泛应用于由多个换热器组成的换热器网络中。Pettersson 和 Soderman 设计了一个热回收系统，作为最小化目标的系统总成本是换热器数量和换热器面积等的函数，因此设计变量为存在/不存在的流体匹配和换热器面积。在进行大型换热器网络的优化设计时，遗传算法有助于将大型系统分解成小的子系统。Allen 等人研究了在换热器网络中对各元件进行设计的程序，首先使用夹点分析法，使得在给定最小温差条件下热回收最大，程序中使用遗传算法是为了最小化每个换热器的年总成本。Soltani 和 Shafiei 试图开发一种用于换热器网络改造的新的方法，即应用遗传算法，结合线性编程（Linear Programming）和整数线性编程（Integer Linear Programming）方法。遗传算法是用来产生结构上的修改，而连续变量的处理，使用一个转换的自然语言处理程序，以得到最大能量回收。验证结果显示，设计的方法比常规的方法更加有效和实用。除了以上介绍的应用遗传算法进行的换热器网络的优化设计研究之外，还有很多其他相关的研究，如 Ravagnani 等人、Rezaei 和 Shafiei、Liu 等人、Behroozsarand 和 Soltani 等人。

2.5 单目标优化与多目标优化

在工程实践应用中，最优化问题通常是主要研究发展问题。通常只有一个目标函数的问题称为单目标优化问题。目标函数超过一个并且需要同时处理最优化问题称为多目标优化问题。例如，在换热器优化过程中，提高换热系数，有时会导致换热器的质量和阻力增加。只针对换热系数进行优化时，换热系数可以达到较高水平，但是对于其他的换热器优化目标来说，可能是较差的情况。于是，存在一个折中的解的集合，称为 Pareto 最优解集（Pareto-optimal set）。

将换热器结构体的相关参数作为优化条件时，通常不存在使所有优化目标同时达到最优的单一结果，这是因为各个参数之间存在相互影响和制约的关系。在多目标优化问题中，目标函数和约束函数可能是不连续、不可微或非线性的，这就使得使用传统的数学规划方法来优化往往效率较低，且它们对于权重值或目标给定的次序较敏感。由于这些优化设计目标与设计变量之间存在着复杂的关系，因此选用遗传算法来进行优化目标的搜索。

2.6 基于 MATLAB 的优化设计方法实现

本书中基于遗传算法的换热器优化设计是利用 MATLAB 中的遗传算法工具箱来实现的。MATLAB 是矩阵实验室（Matrix Laboratory）的简称，用于算法开发、数据可视化、数据分析以及数值计算的高级技术计算语言和交互式环境，是美国 MathWorks 公司出品的商业数学软件，主要包括 MATLAB 和 Simulink 两大部分。

在 MATLAB 平台上主要有三个遗传算法（GA）的工具箱，分别是：GAOT，美国北卡罗来纳大学开发；GATBX，英国谢菲尔德大学开发；GADS，MATLAB7 以后的版本中自带的。GATBX 可以包含 GAOT，而 GADS 显然年代又近了一些。GADS 是遗传算法与直接搜索工具箱，可以在命令行中直接使用，在 M 文件的程序中调用 ga 函数，或在 GUI 界面中使用它来解决实际问题。

换热器优化设计中的优化设计目标即为遗传算法中的适应度函数。为了实现换热器优化设计的优化目标与遗传算法中的适应度函数的关联，MATLAB 中编写了 M 文件来实现适应度函数的计算，并供遗传算法调用。书后的附录 A 和附录 C 列出的第 3 章风机盘管换热器和第 4 章电厂氢冷器优化设计计算中编写的部分原始计算程序，就是储存为 M 文件并作为适应度函数供遗传算法调用的。

换热器优化设计的遗传算法程序实现，使用 MATLAB 遗传算法工具箱，可以方便地应用遗传算法来解决换热器优化问题，其操作界面如图 2-8 所示，从中可以直接调用已经编好的适应度函数，并设定待优化问题的参数和限制条件等，以及设定遗传算法的计算规则。

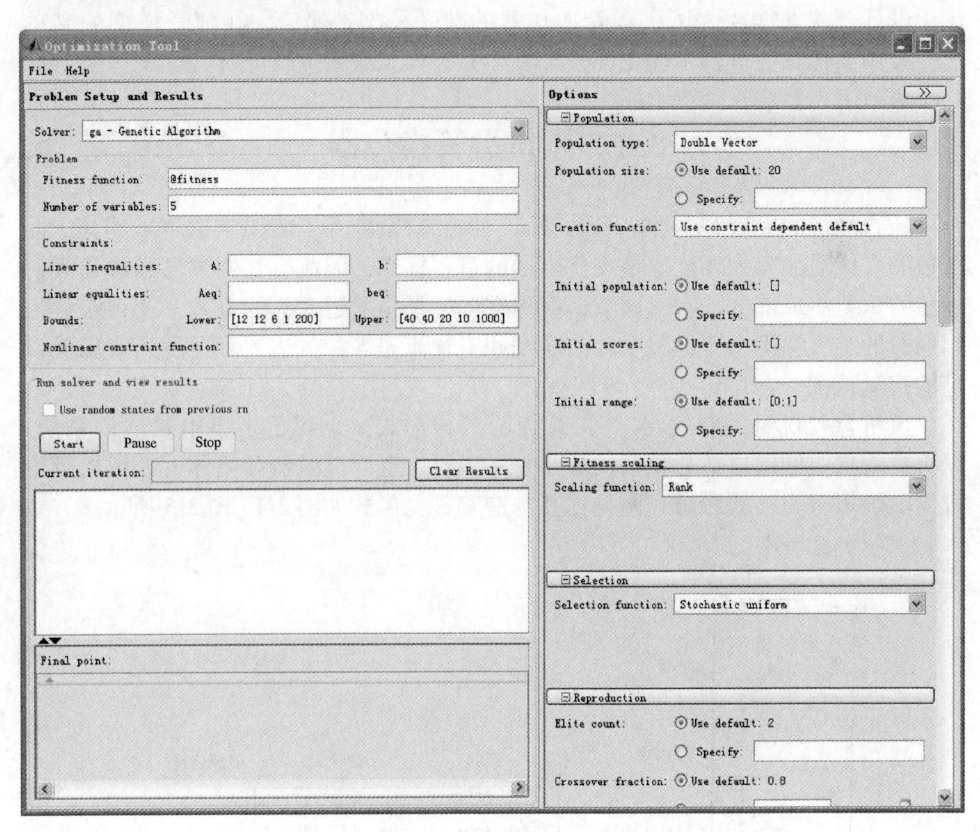

图 2-8 MATLAB 中遗传算法操作界面

3 风机盘管换热器优化研究

本章首先对风机盘管的工作原理进行简单的介绍；然后介绍炽耗散理论及其应用，以及基于遗传算法和炽耗散理论的优化设计方法；之后，为适应遗传算法优化设计，建立穿片式风机盘管换热器的数学模型；最后，在数学模型的基础上，应用遗传算法进行了优化设计计算，并对计算结果进行分析。

3.1 风机盘管换热器

随着经济的发展和生活水平的提高，人们对室内环境的要求也越来越高。而可控的、优质的室内环境也是现代生活的重要标志，因此空气调节已经成为人们生活的重要组成部分。空气调节，简称空调，是指通过人为的方式，使得空调控制场所的空气温度、空气湿度、洁净度和空气流速等参数达到舒适度的要求或设定的控制范围。

风机盘管机组是空气-水空调系统的一种形式，也属于半集中式空调系统。风机盘管机组的组成部分包括换热盘管、风机、空气过滤器和箱体等。风机盘管机组一般可分为立式和卧式两种，其构造和常见形式如图 3-1～图 3-3 所示。

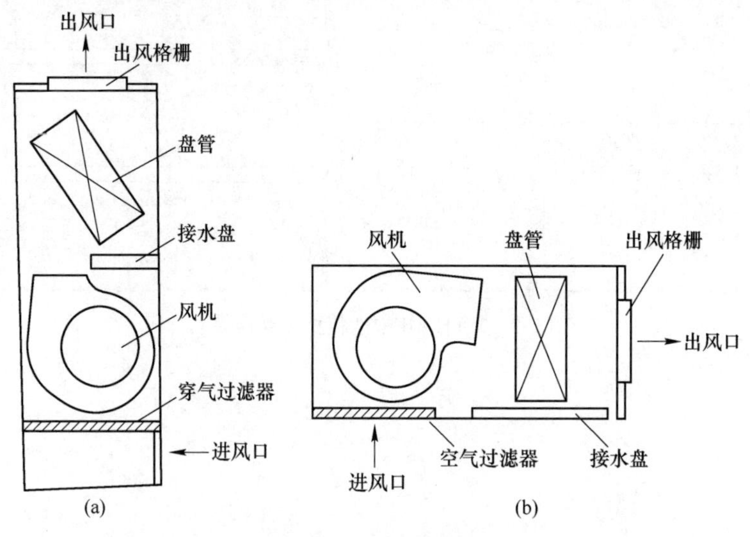

图 3-1　风机盘管构造

（a）立式；（b）卧式

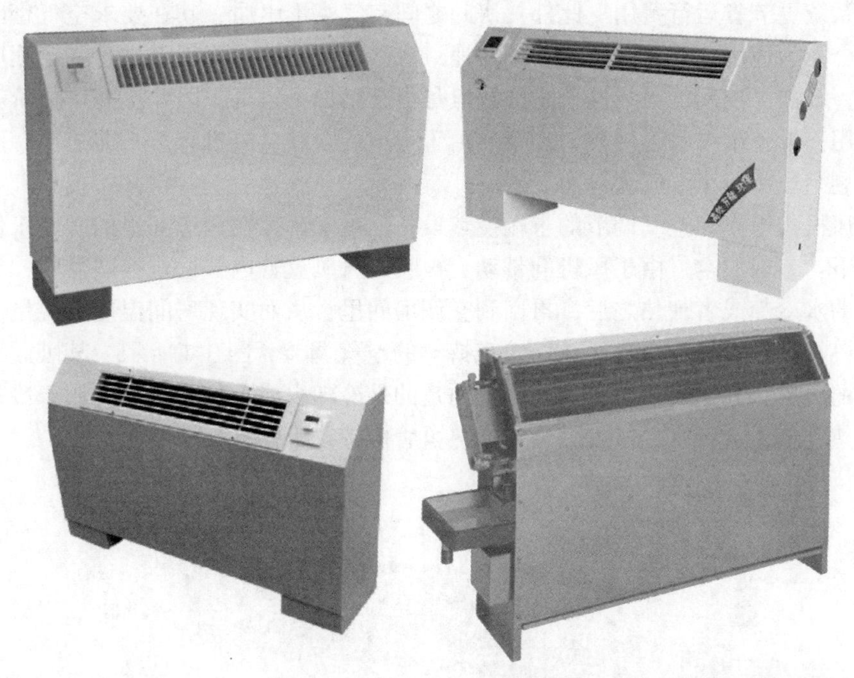

图 3-2 常见立式风机盘管机组

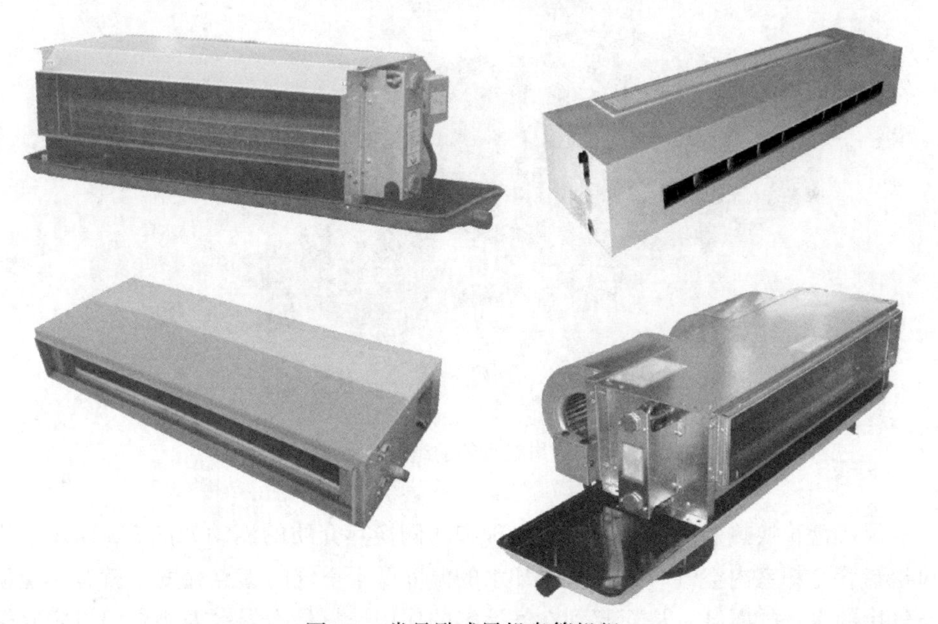

图 3-3 常见卧式风机盘管机组

风机盘管的优点包括：体积小、布置灵活，机组结构紧凑、坚固耐用，各房间可独立调节室温，房间不住人时可方便地关掉机组，不影响其他房间，因此比其他系统更节省运行费用。此外，房间之间空气互不串通，其在要求空气密闭性的场合尤为适用。其又因风机多挡变速，在冷量上能够由使用者进行一定程度的调节，增加了控制的灵活性。它的缺点是由于增加了风机，因此提高了造价和运行费用，设备维护和管理较为复杂。由于噪声的限制，风机转速不能过高，因此机组剩余压头较小，气流分布受限。

风机盘管作为空气调节的末端换热设备，是安装在空调房间里的。其工作原理如下：室内的空气由于风机的带动，被吸入风机盘管内，通过换热器时，被管内走的水冷却或者加热之后，再回到空调房间里，从而实现房间温度的控制。房间空气持续经过风机盘管，从而实现持续的空气调节。图 3-4 所示为某卧式风机盘管的组成，其中换热器管中换热管内走的是冷却水或者热水，主要用于冷却或者加热空气，循环水经过处理会在换热盘管内持续工作。

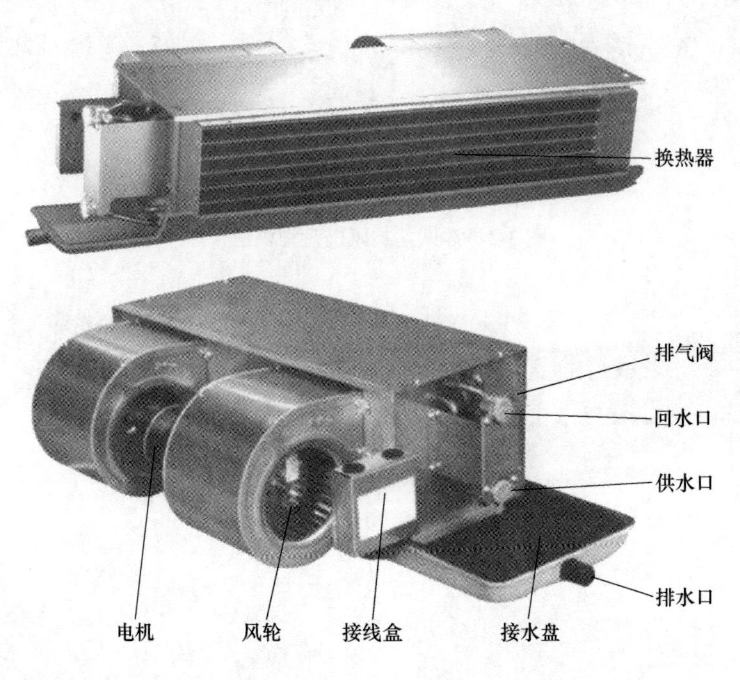

图 3-4　风机盘管的组成（卧式）

风机盘管换热器的结构、工作原理和两侧换热介质的流动如图 3-5 所示。当风机盘管冷却室内空气时，如果冷却水的温度低于空气的露点温度，就有可能使空气中的水蒸气凝结，从而起到空气除湿的作用，只是冷凝水需要专门设定管道进行排除，这种风机盘管也称为湿式风机盘管。这种情况较为复杂，本书的研究中暂且不考虑。不存在冷凝现象的风机盘管，称为干式风机盘管。当风机盘管用来加热室内空气时，空气的温度升高，则不存在冷凝的问题。

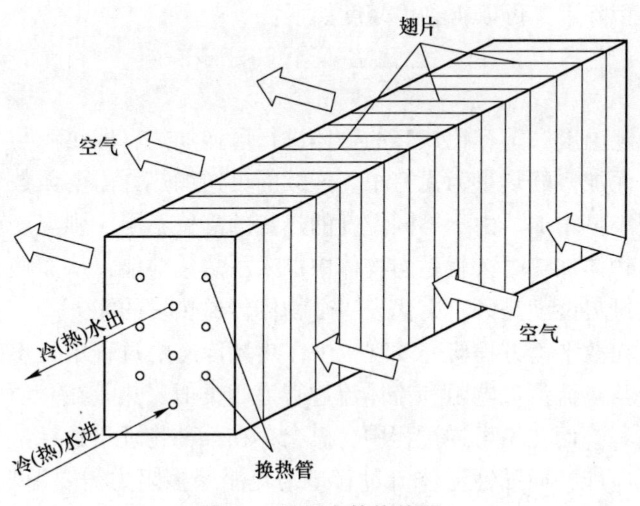

图 3-5 风机盘管换热器

3.2 优化目标函数

本节首先介绍炽耗散理论的基本原理，包括炽耗散理论的来源和发展情况；然后介绍炽耗散理论的研究和应用现状，包括炽耗散理论在导热、对流换热、辐射换热、传质、换热器的优化设计以及其他不同领域中的研究和应用状况。

3.2.1 炽耗散理论基本原理

在热力学的研究历史中，电热模拟的方法早在20世纪50年代就有应用。当时数值计算技术比较落后，较为复杂的导热问题，如稳态导热问题和瞬态导热问题，都无法得到解析解，而传热实验又费时费力，难以实现。例如，集总热容系统中的瞬态导热就可以用电阻-电容组成的充放电电路来进行模拟。由此，对热学和电学中的物理量进行对比发现，在热学中并没有与电容器的电能相对应的物理量。

可以引入一个与电容器的电能相对应的物理量，就是炽。对于具有一定热容量的物体，炽等于热容量与温度的乘积的一半，见式（3-1）。

$$E = \frac{1}{2}QT = \frac{1}{2}cmT^2 \tag{3-1}$$

式中 Q——以绝对零度为基准时物体所储存的热量，即物体的定容热容量；

T——物体的温度，即物体的热势；

m——物体的质量。

如果用体积除炽，可以得到炽密度如下：

$$e = \frac{E}{V} = \frac{1}{2}c\rho T^2 \tag{3-2}$$

假设对一定温度和定容比热容的物体进行可逆加热，即热源与物理间的温度差为无限小，而加入的热量为无穷小。连续的可逆加热，需要无数多个热源的温度依次以无穷小量增加。由于不同温度的热量的品位不同，则温度就代表热量的势，因此在向物体加热时，就是向物体中加入了热量势能，从而使物体的温度升高。由此，热量势能就是炽，它代表一个物体传递热量的能力。

通过对炽耗散平衡方程研究发现，炽在热量传递的过程中是不断传递并同时发生耗散的。与电流流过电阻和流体流过管道相类似，热量在介质中的传递是一个不可逆的过程。而在不可逆过程中，总会存在某种物理量的耗散，如电流流过电阻需要消耗电能，而黏性流体流过管道为克服摩擦阻力需要消耗机械能一样。在热量的传递过程中，热量是守恒的，因而不会被消耗掉。热量传递过程中消耗的物理量，实际上就是物体热量传递的能力，也就是热量的势能——炽。

在一个系统内的传热过程中，在可逆情况下，单位时间内炽的变化率等于与外界换热引起的炽流，即在可逆的情况下，炽是守恒的，没有热量传递能力的耗散。但是，实际的热量传递过程总是在有温度差的条件下进行的，即为不可逆过程。热量的传递过程，必将伴随着热量传递能力的降低，即必将伴随着炽的减少，这就是炽的耗散。此时，系统内的火积变化为外界流入的炽流与体系内部由于不可逆过程所产生的炽耗散的和。对对流过程炽耗散平衡方程研究得出：在对流换热过程中，单元体内的炽变化来自四个方面：即边界上热量交换引起的炽流、流体在边界上流动所引起的炽的变化、内热源和黏性耗散输入的炽流以及炽的耗散。

既然热量传递过程是一个不可逆过程，则它必然耗散炽，也就是说传热过程中必然存在传递能力的降低。因此，为了提高传递热量的效率，如能使单位热量对应的炽耗散值最小，就可以实现传热过程的优化。传热优化中存在两种情况的问题，一种是在给定温差的条件下，如何寻求变量的最优场分布，使得热流达到最大；另一种是在给定热流的条件下，如何寻求变量的最优场分布，使得温差达到最小。对应于这两类传热优化问题，炽耗散理论发展出了对应的炽耗散极值原理，对应的表述如下：传递相同的热量时，当炽耗散达到最小时，对应的传递热量达到最大，传热温差达到最小。考虑到给定温差边界条件时为最大炽耗散原理，给定热流边界条件时为最小炽耗散原理，因此将两者统一称作炽耗散极值原理，即在各种边界条件下，系统在炽耗散取得极值时的传热过程为最优。

在以上介绍的炽耗散极值原理的基础上，朱宏晔基于对导热问题的计算分析，总结出了最小煅耗散热阻，即无论是给定传热温差还是给定换热速率，煅耗散热阻的最小值都对应于最佳的传热效果。最小热阻原理表明热量是通过热阻最小的途径传递的，这也符合自然界总是沿着最优方向发展的基本规律。

3.2.2 煅耗散理论的研究与应用现状

目前，煅耗散理论已经在三种基本传热形式中都得到了广泛的研究，并被拓展应用到许多不同的研究领域之中，下面分别进行介绍。

3.2.2.1 导热

在研究煅耗散理论解决导热问题时，研究了体点散热问题。这个问题是指，如何能够高效地以导热的方式将发热量传到其间的表面的某一个指定点的导热优化问题。在其中加入高导热材料可以有效地强化导热过程，因此，当导热材料的总数量保持不变时，就存在如何布置高导热材料问题。这个问题就可以概括为：对某一形状的空间，在内部发热量或者外部传热量一定，以及高导热材料总量一定的条件下，进行高导热材料在此空间的最优化分布，使得在传热温差一定时的传热量达到最大，或者在传递热流一定时的传热温差达到最小。很多研究就体点散热问题开展了煅耗散导热问题的探讨，包括理论分析和数值模拟，具体说明如下。

研究中列举的一个例子，是一个典型的体点散热问题。一正方形的发热区域，内部有均匀内热源发热量为100W/m^3，在边界上具有两个热流出口且两边的温度都是300K，温度区域内平均热导率为1W/(m·K)。求最佳的热导率分布使得整个区域内的平均温度最低。经过数值计算，对煅耗散理论分析和熵产理论分析的计算结果进行对比，结果显示煅耗散理论最优化能够更有效地提高热量传递的效果。

韩光泽和过增元将煅耗散作为目标函数进行了导热平板和圆形导热管的导热优化研究，并与熵产作为优化目标时的结果进行了比较。结果表明，对于导热平板和导热圆管，当以煅耗散为优化目标时，都要求沿导热的方向温度梯度值为常数；而当以熵产为优化目标时，都要求温度的自然对数的梯度为定值。以煅耗散为优化目标时，系统具有最大的热通量，相反，以熵产为优化目标时，系统具有最小的热通量。所以，煅耗散和熵产在导热问题的优化中，并不是等价的，而是具有不同的目的意义，因此不能够相互代替。

陈群等人应用煅耗散理论研究了多孔介质的导热问题。在研究中，他们应用到了两个煅耗散理论中的新概念，分别是参考煅耗散（Reference Entransy Dissipation）和无因次煅耗散（Nondimensional Entransy Dissipation），并将无因次煅耗散作为导热优化的目标函数。通过研究多孔介质的导热不可逆性和导热率的关系，对多孔介质导热过程进行了优化。研究结果显示，导热率不仅影响多孔介质的导热能力，而且也影响导热的不可逆性。研究还发现，减小结构颗粒的尺寸将增加接触点，并因此增强多孔材料的导热性能；并且减小颗粒尺寸将增加沿传热方向上的温度梯度和炽耗散的分布均匀性，从而增大热导率。

朱宏晔等人建立了一个电热模拟装置，装置中的局域电阻可以置换，用于导热优化问题的实验研究。在导热优化实验中，基材加入一定量的高导热材料，研究当边界条件不同时，高导热材料的最优分布，并与数值计算结果进行比较。应用炽耗散极值原理进行的导热优化结果，与高导热材料为平均分布的时候相比，在热流密度相同的条件下，温差减小，在相同的温度边界条件下，热流密度减小；与采用熵产最小原理进行导热优化的结果相比，除了特殊的边界条件下，两者的结果相同之外，在其他情况下，应用炽耗散极值原理的优化设计结果都较为优越。

3.3.2.2　对流换热

黏性耗散为一定时的条件下，孟继安以热量传递势容为最优化目标，利用变分原理推导得出了稳态层流换热的场协同方程。在此基础上，苏欣等人验证和分析研究了层流下的场协同方程。当黏性耗散为一定时，取热量传递的势容作为优化的目标函数，应用变分方法便可以推导出在层流状态下时稳态的对流换热场协同方程。研究中采用二维方腔内空气层流的对流换热模型，将算出的最优化的速度场，与其他流场时的换热效果进行比较，验证了场协同方程的正确性，并对一个含有均匀内热源的圆筒内水的对流换热进行了数值计算，得出了以热量传递势容耗散为优化目标的速度场分布。

利用与以上类似的方法，吴晶等人推导得出了势容耗散取得最优值时的场协同方程，使得温度场和速度场的协同程度最好，从而使对流换热的整体换热性能最优。在对方腔内对流换热问题进行优化时，以势容耗散为最优目标时的优化结果要优于以熵产最小为优化目标时的结果。针对具有体热源的湍流对流换热问题，魏琪得出了时均炽耗散的上界和下界，反映了体热源对湍流对流中热量传递势容的影响大小。

陈群等人对对流换热过程的炽耗散分析和优化问题开展了相关研究工作。首先，针对研究对流换热问题的热力学优化和传热优化两种方法，对比了其中的熵产最小原理和炽耗散极值原理在解决对流换热问题中的差别，并讨论了熵产、炽耗散和有用能损失的关系。研究得出，在对流换热过程中，熵产最小对应于换热过程中的有用能损失最小，但并不等价于系统对流换热性能最好；而炽耗散的极值对应于对流换热的换热性能最优，只是不与系统的有用能相对应。其次，对比了对流换热的两种优化方法，即熵产最小原理和炽耗散极值原理，并分析了它们对应的物理意义和实用性。经过理论分析得出，两者都可以用于对流换热过程的优化。其中，熵产最小原理最初来源于热功循环过程，利用最小化可用能耗散的方法，主要着眼于热工转换。而炽耗散极值原理来源于单纯的热传导过程，因此更适用于不存在热功转换的热量传递过程的优化研究。此外，陈群和任建勋研究并定义了广义传热过程的广义热阻为热流加权平均温差与总热流的比值；提出了最小热阻原理在优化对流换热问题中的应用，并分析了最小热阻原理与炽耗散极值原理的等价关系；并以二维方腔对流换热为实例，研究了广义热阻的应用。通过对广义热阻的分析研究得出：对于复杂的对流换热过程，不管是在给定温差还是在给定热流的条件下，传热强化的目标等价于传热广义热阻的降低。

3.2.2.3 辐射换热

除了导热和对流之外，另外一种重要的热量传递方式，辐射换热也可以用炽耗散理论来研究。吴晶等人根据炽耗散理论在导热和对流中的研究成果，将炽耗散原理扩展到辐射换热领域；在定义辐射换热中的炽流和炽耗散的基础上，推导出辐射换热中的炽耗散极值原理；最后以三个无限大平行平板间的稳态辐射换热的优化设计为例，说明了炽耗散极值原理在辐射换热优化设计中的应用。

程雪涛等人针对炽耗散理论在辐射换热中的应用开展了一系列相关的研究。首先是针对空间辐射器的等温化设计，即以空间辐射器的均匀化温度场为设计目标，利用基于炽耗散的仿生优化方法，对高导热材料的分布进行优化。利用仿生方法进行优化，既可以实现温度场的均匀化设计，又可以对优化结果进行二次优化设计。通过分析等温化过程中辐射器导热热阻和辐射热阻得出，导热热阻和辐射热阻都呈下降的趋势，认为是辐射器性能提高的内在原因。其次，对由不透明的漫射固体表面所组成的稳态封闭空腔表面的辐射传热系统进行了研究。分别针对非等温灰体漫射表面和非灰体漫射表面定义了辐射炽流、单色辐射炽流等的概念。在这些定义的基础上，在全波长和单色波长的条件下，得出了辐射的炽平衡方程以及辐射的炽耗散函数，并进一步推导出辐射炽损失极小原理、辐射炽耗散极值原理以及最小辐射炽热阻等原理。通过计算实例的讨论，论证了单色辐射炽耗散极值原理和最小单色辐射热阻原理的正确性和实用性。最后，还是针对辐射器的优化设计，在辐射换热中炽耗散理论研究的基础上，对辐射器换热过程中的换热量分布、发射率的分布和散热面积的分布这三个优化问题进行了数值计算分析。研究结果表明，辐射器的最小辐射炽耗散和辐射热阻，均等价于均匀的表面温度场分布。

炽耗散理论除了应用于导热、对流和辐射等基本的换热形式的研究之外，还可应用于耦合换热现象的研究。吴晶针对辐射和对流两者耦合的换热现象进行了炽耗散原理的应用研究。通过定义辐射换热耦合换热过程中的炽耗散和炽耗散热阻，建立了辐射换热温差、热流、炽耗散率和热阻之间的关系，并进行了数值计算验证了所定义的优化准则在辐射换热过程中进行优化设计的可行性。

3.2.2.4　传质

炽耗散理论除了应用于导热、对流和辐射等热量传递过程之外，还被拓展应用到了传质的研究。陈群等人通过类比传质和传热过程，借鉴热量传递过程的炽耗散相关定义及方法，引入了质量炽的概念，来代表传质过程中质量传递能力的大小。质量炽可以描述混合物中某一组分向周围介质扩散的能力，具有浓度势能的含义。在此基础上陈群等人推导出了质量炽耗散函数，作为质量传递过程中不可逆性的量度，提出了质量炽耗散极值原理和优化对流传质过程的优化准则。在以上所提出的传质过程中的优化原理的基础上，陈群等人将这些理论应用到了不同的传质过程的应用中，包括通风排污过程、光催化氧化反应器和蒸发冷却。

通风排污过程的研究包括在室内的通风排污过程和空间站的通风排污过程。室内通风排污是将室外新风通入室内来降低室内的污染物浓度，是最直接和有效地去除室内污染物的方法。通过数值求解的方法，可以得出符合场协同方程的室内最佳流程的分布。空间站通风排污系统的特点在于，由于空间站处于微重力状态，内部因自然对流引起的空气流动很弱，因此只能采用机械通风，以排除污染物。陈群等人应用传质炽耗散理论，对空间站的通风排污过程进行了优化设计，其优化的目标为通风系统能耗和实验舱内污染物浓度的降低，得出了通风排污性能最优的速度场分布。如果以得出的速度场作为参考，以集中送风方式代替均匀送风方式，不仅可以降低空气流动黏性耗散，而且可以降低舱内平均和最大的污染物浓度，污染源附近的污染物浓度也会随之下降。

Chen 和 Meng 针对光催化氧化反应器中的对流传质过程进行了相关研究。对板式反应器的层流传质场协同的分析表明，反应器中产生的多纵向涡流动可以有效地提高层流传质性能。根据计算得到的最佳速度模式，离散双斜筋可以用于实际应用之中，来产生所需要的多纵向涡流，从而提高层流传质，得到更高的污染物去除性能。实验结果表明，对于离散双斜筋的板式反应器，其污染物的去除效果比普通平板反应器可以提高 22%。

陈群等人针对蒸发冷却过程的优化进行了相关研究工作。为了研究炽耗散理论在蒸发冷却过程中的应用，定义了炽耗散理论在湿空气和传热传质耦合现象中的应用理论，得出蒸发冷却过程中吸热能力的损失主要包括显热耗散、潜热耗散和由温度势所引起的耗散三个方面。针对蒸发冷却循环系统中的流量分配优化和面积分配优化问题，进行了数值计算和分析。研究结果显示，在并联型和串联型间接蒸发冷却系统的流量优化与面积优化中，炽耗散热阻最小时蒸发冷却系统输出的制冷量最大，即系统的制冷性能达到最优，而㶲效率最大与蒸发冷却制冷量最大并不存在严格的对应关系。

3.2.2.5 换热器优化设计

换热器作为最重要的热量传递元件，也是炽耗散研究的一个很重要的研究领域。应用和发展炽耗散理论，用于换热器的优化设计的相关研究很多，下面分别进行介绍。

炽耗散理论最初应用于换热器，主要是应用温差均匀性原理对换热器的优化研究。宋伟明等人证明了温差均匀性原则在换热器优化设计应用中的正确性。利用温差均匀性原则，对一维的两股流和三股流换热器传热过程进行了优化设计。研究结果表明，无论是在换热量一定，还是炽耗散一定的条件下，最优的换热器性能都对应于冷热流体的温差场的均匀性。

炽耗散热阻在换热器的优化设计中得到了广泛的应用。柳雄斌等人引入了基于炽耗散的换热器当量热阻和换热器热阻因子的定义，并在此基础上建立换热器分析的方法，分析了传热单元数和热容量流比对换热器热阻的影响。在换热器当量热阻相关研究的基础上，过增元等人研究得出了换热器的有效度与传热过程的不可逆性之间的关系，并推导得出了换热器有效度与当量热阻和热容流比之间的对应关系。由于这种关系函数，经证明并不依赖于流程布置形式，因此适用于不同布置形式的换热器之间的性能比较。换热器的有效度随着当量热阻的增加而减小，说明换热器的不可逆性可以通过热阻值来描述。Cheng 等人分析了炽耗散、熵产理论和炽耗散热阻在换热器优化设计中的应用。研究发现，最小的炽耗散热阻总是对应于最优的换热器性能，最小的熵产和炽耗散极值并不完全对应于换热器的最优性能。此外，较大的温差均匀场因子总是对应于较大的换热器有效度。

许明田等人也针对炽耗散理论在换热器优化中的实际应用进行了相关研究。他们将换热器的炽耗散分为由于热量传递而引起的炽耗散和由于阻力损失而引起的炽耗散两类，并分别推导得出了换热器中这两种炽耗散的表达式。郭江峰等人基于炽耗散理论在换热器中的应用，定义了炽耗散数这一物理量，用于评价换热器的整体性能。在传热单元数和热容比不变的条件下，炽耗散数越小，换热器的整体性能越好。该结论可用于不同形式的换热器的性能评价。基于以上研究，李孟寻等人以炽耗散数为优化目标，应用遗传算法进行了管壳式换热器的优化设计。经过计算得出，优化之后的管壳式换热器的有效度提高，泵功减小，但是换热面积有所增加。郭江峰等人将这一方法应用到了板翅式换热器的优化设计之中。计算结果显示，传热和阻力损失引起的炽耗散数都减小，换热器有效度增加，而泵功减小，从而证明换热器的性能更优。此外，郭江峰等人研究了当只考虑换热引起炽耗散的时候，换热器内两流体的黏性热对两流体炽的影响。研究中，用水和橄榄油分别来代表黏度较小和较大的两种流体。结果发现，对于动力黏度较小的液体，一般情况下黏性热对炽的影响可以忽略不计，但对于动力黏度较大的液体，则是不可忽略的。黏性热效应维持流体的传热能力，延缓了传热过程中的损耗。

炽耗散理论除了应用于换热器的优化设计之外，还应用到了换热器组的优化设计之中。陈群等人对比了熵产原理与炽耗散极值原理在换热器优化中的应用。在一定的约束条件下，对换热器组的面积分配进行优化研究，当高低温换热器组传热的目的是热功转换时，则适用熵产最小原理；当换热器组传热的目的是加热或者冷却物体时，则适用炽耗散极值原理。Cheng 和 Liang 分析了两股流换热器网络的有效度，并推导了换热器网络的炽耗散、炽耗散热阻和熵产的表达式，并且这些表达式是独立于换热器网络的具体组成形式的。研究发现，炽耗散和熵产取得极值并不总是等价于换热器网络的有效度最佳，只有炽耗散热阻是随换热器网络有效度的增加而单调递减的。因此，炽耗散热阻是最适用于作为换热器网络优化的目标的。Xu 和 Chen 将炽耗散理论应用到了航天器中的换热器网络的优化设计之中。由于质量的降低能够在很大程度上减少航天器的成本和性能，因此在航天器的设计过程中，换热器网络质量的最小化是一个很基本也很重要的问题。而炽耗散理论则提供了一个解决这一问题的理论方法。研究结果显示，优化后的换热器组在给定约束条件下能够达到换热器组的质量的最小化。王怡飞和陈群以一个并联的换热器组为研究对象，在每个组成换热器的热容量给定的条件下，通过各换热器的热导的优化分配，分析了换热器组的总换热器量与各组成换热器的炽耗散、炽耗散热阻之间的关系。研究表明，换热器组总换热量的极值与各组成换热器炽耗散之和的极值、各组成换热器炽耗散热阻之和的极值以及各炽耗散热阻加权之后的极值是对应的。

3.2.2.6　其他应用领域

在以上介绍的炽耗散理论在导热、对流和辐射换热以及换热器中的应用研究的基础上，炽耗散理论又被拓展应用到了不同的研究领域中，下面分别介绍。

炽耗散理论的一个重要应用，是在相变储热中的应用。夏少军等人引入炽耗散理论对一维平板液固相变过程进行了研究。即以相变过程的炽耗散为优化目标，设定过程的总时间不变，得出外界热源温度随时间变化的最优变化规律。与恒温的换热策略相比，得出的最优的换热策略下，相变过程的炽耗散减小了1/9。这一研究结果，对于实现液-固相变过程的换热优化具有重要的意义。陈彦龙等人分别对比了三种不同的方法，即熵产极值原理、炽耗散热阻极值原理和广义热阻极值，在相变储能系统的相变温度优化问题中的应用。研究得出，炽耗散和广义热阻作为优化目标所得出的最优相变温度，都对应于相变储热系统的储热取热功率的最大值。此外，通过炽耗散原理的分析得出，二级储热的储热取热量比单级要大，二级储热与单级储热热量之比的大小仅与换热单元数的大小有关。陶于兵等人应用炽耗散原理，通过数值计算分析了相变材料的熔点对储热单元的炽耗散率、储热速率和储热品质的影响。研究得出，在单级相变储热单元中，相变材料熔点越低，则炽耗散率越大，相变储热过程的传热速率越大，储热的品质越低。对于两级相变储热单元，可以通过合理匹配两级相变材料的熔点，来实现储热速率的提高和传热过程不可逆性的降低。

炽耗散理论的另一个重要的应用，是与构形理论的结合应用。陈林根等人在炽耗散理论与构形理论结合，并应用于解决不同优化问题方面，做出了重要的贡献。在炽耗散原理与构形理论的结合中，主要是应用炽耗散极值原理，将炽耗散或者炽耗散热阻等作为优化的目标函数，从而采用构形理论的方法实现优化设计。例如，在对流换热和辐射换热边界条件下，当以绝热过程的炽耗散数为优化目标时，可以对轧钢加热炉壁的平板绝热层进行构形优化，从而得到平板绝热层的最优构形。陈林根等人将这种优化设计方法应用到了不同形式的肋片的优化设计研究之中，包括T形肋、Y形肋、伞形柱状肋片、叶形肋和树形肋片。除此之外，炽耗散理论与构形优化的结合应用领域还包括换热器截面优化、蒸汽发生器和冷却流道等。

除了以上所介绍的各种不同应用之外，炽耗散理论的应用领域还包括运输网络、太阳能集热器、建筑热湿环境、超临界二氧化碳传热优化、区域供热网络和航天器热控流体并联回路等。

3.3 基于遗传算法与炽耗散理论的优化设计方法

换热器设计参数对优化设计目标的决定性，就对应遗传算法中遗传基因对于个体适应度的决定性。基于遗传算法与炽耗散理论的优化设计方法中，炽耗散理论与遗传算法的结合以及遗传算法与换热器优化设计的结合体现在以下几个方面。

(1) 评价的个体。遗传算法中评价的个体，对应于换热器优化设计中，即为所设定的各个设计参数的不同取值的组合。例如，在风机盘管换热器的优化设计中设定的设计参数为管间距、排间距、管外径、翅片间距、翅片数这5个结构参数。

(2) 适应度函数。遗传算法中的适应度函数，对应于换热器优化设计中，即为换热器的炽耗散热阻值。本节选择换热器的炽耗散热阻是因为它能表征换热器换热过程的不可逆性，且其变化又与换热器性能的最优化存在单调对应关系。

换热器的炽耗散热阻值的具体数学表达式请见换热器的建模部分。

（3）遗传算法规则。根据换热器优化设计的实际需要，制定的遗传算法操作规则如下。

1）种群设定。初始种群的产生，采用在设定的取值范围内随机生成的方法。

2）选择规则。选择操作选用随机均匀分布算法（stochastic uniform）。

3）交叉规则。交叉操作选用离散重组算法（scattered）。

4）变异规则：变异操作选用高斯变异算法（Gaussian）。

以上遗传算法规则相对简单实用，且计算效率较高。

（4）换热器优化设计的约束条件。应用遗传算法的换热器优化设计的约束条件分为以下三部分。

1）设计参数取值约束。即为遗传算法中，当产生初始种群时各个设计参数的取值范围限制。

2）几何约束。即为换热器几何尺寸的逻辑约束条件，例如管间距要大于管子的外径等。

3）物理约束。即优化设计中计算得出的某些物理参数需要符合的约束条件，例如空气侧的阻力要小于 20kPa 等。

3.4　风机盘管换热器模型的建立

本书研究的风机盘管换热器形式为管翅式换热器。下面建立一个可用于干式风机盘管换热器的数学模型。穿片式管翅式换热器的通用结构示意图如图 3-6 所示，图中以两排管，每排 6 根管，两管程为例。为适应基于遗传算法和炽耗散的优化设计算法的需要，模型的建立包括传热的计算和阻力损失的计算。

3.4.1　换热计算

换热器的传热量 Q 的计算可由式（3-3）得到：

$$Q = UA_o\Delta T \tag{3-3}$$

式中　U——总的传热系数，见式（3-4）；

　　A_o——总的外表面面积；

　　ΔT——传热温差。

$$U = \left(\frac{1}{\eta_o h_a} + \frac{A_o}{A_i h_w} + \frac{A_o \delta_t}{A_t \lambda_t}\right)^{-1} \tag{3-4}$$

式中　h_a——空气侧换热系数，见式（3-5）；

　　η_o——换热器的表面效率，见式（3-15）；

　　h_w——水侧传热系数，见式（3-22）。

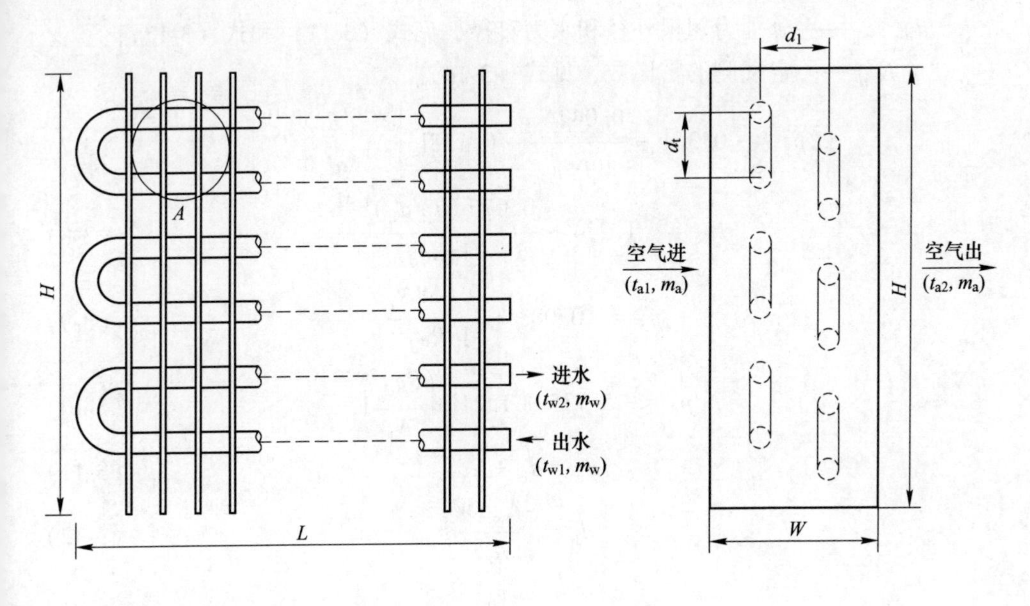

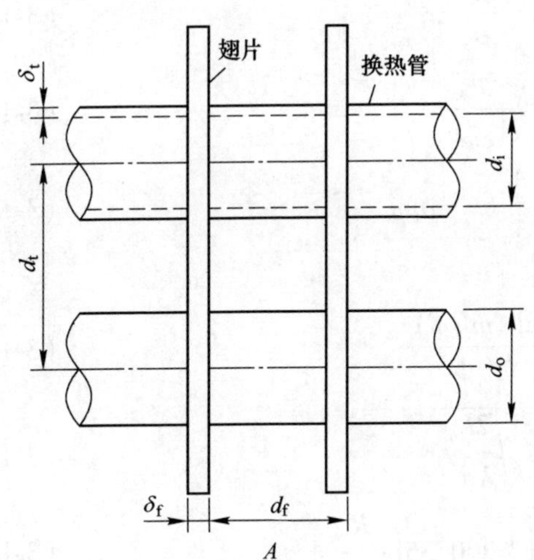

图 3-6 穿片式管翅式换热器结构示意图

$$h_a = j_a \rho_a v_{max} c_{pa} Pr_a^{-2/3} \tag{3-5}$$

式中 j_a——传热因子，见式（3-6）；

v_{max}——以空气侧最小流通面积为基准的最大空气流速，见式（3-14）。

$$j_a = 0.086\, Re_{d_c}^{p_3} N_t^{p_4} \left(\frac{d_f}{d_c}\right)^{p_5} \left(\frac{d_f}{d_h}\right)^{p_6} \left(\frac{d_f}{d_t}\right)^{-0.93} \tag{3-6}$$

式中 $p_3 \sim p_6$——关联参数，当管排数大于等于 2 时，其表达式见式（3-7）~式（3-10）；

d_c，d_h——分别为翅根外径和水力直径，见式（3-11）和式（3-12）；

Re_{d_c}——空气侧的雷诺数，见式（3-13）。

$$p_3 = -0.361 - \frac{0.042N_t}{\ln Re_{d_c}} + 0.158\ln\left[N_t\left(\frac{d_f}{d_c}\right)^{0.41}\right] \tag{3-7}$$

$$p_4 = -1.224 - \frac{0.076(d_l/d_h)^{1.42}}{\ln Re_{d_c}} \tag{3-8}$$

$$p_5 = -0.083 + \frac{0.058N_t}{\ln Re_{d_c}} \tag{3-9}$$

$$p_6 = -5.735 + 1.21\ln\left(\frac{Re_{d_c}}{N_t}\right) \tag{3-10}$$

$$d_c = d_o + 2\delta_f \tag{3-11}$$

$$d_h = \frac{4A_{min}W}{A_o} \tag{3-12}$$

$$Re_{d_c} = \frac{\rho_a v_{max} d_c}{\mu_a} \tag{3-13}$$

$$v_{max} = \frac{m_a}{A_{min}\rho_a} \tag{3-14}$$

$$\eta_o = 1 - \frac{A_f}{A_o}(1 - \eta_f) \tag{3-15}$$

式中　η_f——翅片效率，见式（3-16）。

$$\eta_f = \frac{\tanh(m'r\phi)}{m'r\phi} \tag{3-16}$$

$$m' = \sqrt{\frac{2h_a}{\lambda_f\delta_f}} \tag{3-17}$$

$$\phi = \left(\frac{R_{eq}}{r} - 1\right)\left(1 + 0.35\ln\frac{R_{eq}}{r}\right) \tag{3-18}$$

对于交叉布置的管排：

$$\frac{R_{eq}}{r} = 1.27\frac{X_M}{r}\left(\frac{X_L}{X_M} - 0.3\right)^{1/2} \tag{3-19}$$

$$X_L = \sqrt{(d_t/2)^2 + d_l^2} \tag{3-20}$$

$$X_M = d_t/2 \tag{3-21}$$

$$h_w = \frac{\lambda_w}{d_i}\frac{(Re_{d_i} - 1000)Pr_w(f_i/2)}{1 + 12.7\sqrt{f_i/2}(Pr_w^{2/3} - 1)} \tag{3-22}$$

式中　f_i——水侧的换热因子，见式（3-23）；

Re_{d_i}——水侧的雷诺数，见式（3-24）。

$$f_i = (1.58\ln Re_{d_i} - 3.28)^{-2} \tag{3-23}$$

$$Re_{d_i} = \frac{\rho_w v_w d_i}{\mu_w} \tag{3-24}$$

式中 v_w——水的流速，见式（3-25）。

$$v_w = \frac{4m_w N_p}{N_t n_t \rho_w \pi d_i^2} \tag{3-25}$$

换热器的传热温差 ΔT 可由式（3-26）求得：

$$\Delta T = \Delta T_{ln} F \tag{3-26}$$

其中，ΔT_{ln} 按逆流对数平均温差计算，见式（3-27）；温差修正系数 F 可查图得到。

$$\Delta T_{ln} = \frac{(t_{a1} - t_{w2}) - (t_{a2} - t_{w1})}{\ln \dfrac{t_{a1} - t_{w2}}{t_{a2} - t_{w1}}} \tag{3-27}$$

以上各式中涉及的不同面积可分别通过式（3-28）~式（3-32）计算得到。

$$A_f = 2n_f\left[HW - N_t n_t \pi\left(\frac{d_o}{2}\right)^2\right] \tag{3-28}$$

$$A_t = N_t n_t \pi d_o (L - \delta_f n_f) \tag{3-29}$$

$$A_o = A_f + A_t \tag{3-30}$$

$$A_i = N_t n_t L \pi d_i \tag{3-31}$$

$$A_{min} = n_f (H - n_t d_c)(d_f - \delta_f) \tag{3-32}$$

式中 H，W，L——分别为换热器的长度、宽度和高度。

$$H = \left(n_t + \frac{1}{2}\right) d_t \tag{3-33}$$

$$W = N_t d_l \tag{3-34}$$

$$L = n_f d_f + d_t + d_o \tag{3-35}$$

3.4.2 阻力计算

空气侧的阻力损失可由式（3-36）进行估算。

$$\Delta P_a = \frac{G_{max}}{2\rho_{a1}}\left[f_a \frac{A_o}{A_{min}} \frac{\rho_{a1}}{\rho_{am}} + (1 + \sigma^2)\left(\frac{\rho_{a1}}{\rho_{a2}} - 1\right)\right] \tag{3-36}$$

式中 G_{max}——空气侧最小流通面积处的空气质量流量；

f_a——空气侧的摩擦因子，见式（3-38）；

ρ_{am}——平均空气密度，见式（3-42）；

σ——空气侧最小流通面积与迎风面积的比值，见式（3-43）。

$$G_{max} = \frac{m_a}{A_{min}} \tag{3-37}$$

$$f_a = 0.0267\, Re_{d_c}^{F_1} \left(\frac{d_t}{d_l}\right)^{F_2} \left(\frac{d_f}{d_c}\right)^{F_3} \tag{3-38}$$

$$F_1 = -0.764 + 0.739\frac{d_t}{d_l} + 0.177\frac{d_f}{d_c} - \frac{0.00758}{N_t} \tag{3-39}$$

$$F_2 = -15.689 + \frac{64.021}{\mathrm{loge}(Re_{d_c})} \tag{3-40}$$

$$F_3 = 1.696 - \frac{15.695}{\mathrm{loge}(Re_{d_c})} \tag{3-41}$$

$$\rho_{am} = \frac{1}{2}(\rho_{a1} + \rho_{a2}) \tag{3-42}$$

$$\sigma = \frac{A_{min}}{A_{fr}} = \frac{A_{min}}{n_f d_f H} \tag{3-43}$$

水侧的阻力损失可由直管部分阻力损失 ΔP_L、弯管部分阻力损失 ΔP_r 和管头部分阻力损失 ΔP_N 三部分组成：

$$\Delta P_w = \Delta P_l + \Delta P_r + \Delta P_N \tag{3-44}$$

其中，直管部分的阻力损失为：

$$\Delta P_l = f_l \frac{N_p n_f d_f}{d_i}\frac{\rho_w v_w^2}{2}\phi_w \tag{3-45}$$

式中 f_l——水侧的阻力系数；

ϕ_w——黏度修正因子。

当 $Re_{d_i} < 10^3$ 时：

$$f_l = 67.63\, Re_{d_i}^{-0.9873} \tag{3-46}$$

当 $Re_{d_i} = 10^3 \sim 10^5$ 时：

$$f_l = 0.4513\, Re_{d_i}^{-0.2653} \tag{3-47}$$

当 $Re_{d_i} > 10^5$ 时：

$$f_l = 0.2864\, Re_{d_i}^{-0.2258} \tag{3-48}$$

当 $Re_{d_i} < 2100$ 时：

$$\phi_w = \left(\frac{\mu_w}{\mu_b}\right)^{-0.25} \tag{3-49}$$

当 $Re_{d_i} > 2100$ 时：

$$\phi_w = \left(\frac{\mu_w}{\mu_b}\right)^{-0.14} \tag{3-50}$$

弯管部分阻力为：

$$\Delta P_r = 4N_p \frac{\rho_w v_w^2}{2} \tag{3-51}$$

管头部分阻力为：

$$\Delta P_N = 1.5 \frac{\rho_w v_N^2}{2} \tag{3-52}$$

3.4.3 性能评价指标计算

为进一步评价换热器优化前后的性能变化，本节还分别计算了换热器的总泵功，换热器效能和换热器熵产。

换热器换热过程中消耗的总的泵功计算式为：

$$W_p = \frac{1}{\eta}\left(\frac{m_a \Delta P_a}{\rho_a} + \frac{m_w \Delta P_w}{\rho_w}\right) \tag{3-53}$$

式中 η——总的水泵效率。

换热器效能为：

$$\varepsilon = 1 - \exp\left\{\frac{NTU^{0.22}}{C}\left[\exp(-C \cdot NTU^{0.78}) - 1\right]\right\} \tag{3-54}$$

$$C = \frac{C_{min}}{C_{max}} \tag{3-55}$$

$$C_{min} = \min(m_a c_{pa},\ m_w c_{pw}) \tag{3-56}$$

$$C_{max} = \max(m_a c_{pa},\ m_w c_{pw}) \tag{3-57}$$

换热单元数的定义为：

$$NTU = \frac{UA_o}{C_{min}} \tag{3-58}$$

换热器熵产是用来评价传热不可逆损失的量度，其包括由于热量交换引起的熵产和由于流体流动阻力损失引起的熵产两个部分。其推导公式见式（3-59）。

$$\begin{aligned} S_g &= S_{gT} + S_{gP} \\ &= m_a c_{pa} \ln\left(\frac{T_{a2}}{T_{a1}}\right) + m_w c_{pw} \ln\left(\frac{T_{w2}}{T_{w1}}\right) + m_a \frac{\Delta P_a}{\rho_a} \frac{\ln(T_{a2}/T_{a1})}{T_{a2} - T_{a1}} + m_w \frac{\Delta P_w}{\rho_w} \frac{\ln(T_{w2}/T_{w1})}{T_{w2} - T_{w1}} \end{aligned} \tag{3-59}$$

3.5　风机盘管换热器优化设计结果分析

本节选取了两个算例，即在不同设计工况下工作的两种干式风机盘管，来分别进行其换热器的优化设计。

3.5.1　设计参数与限定条件

这两个算例分别为供冷干式风机盘管换热器和供暖型风机盘管换热器，两种工况下的已知参数见表 3-1。表中参数的选定参考了《干式风机盘管机组》（JB/T 11524—2013）等相关标准和文献，均为干式风机盘管运行中的典型工况参数。优化设计选定的设计参数包括管间距、排间距、管子外径、翅片间距和翅片数，其优化设计中的限定范围见表 3-2。

表 3-1　两个算例对应工况的已知参数

参　数		单位	供冷干式风机盘管	供暖型风机盘管
运行参数	管内流体	—	水	水
	进水温度	℃	16	45
	出水温度	℃	21	35
	水流量	kg/s	0.07	0.13
	管外流体	—	空气	空气
	空气进口温度	℃	26	20
	空气出口温度	℃	22	28
	处理空气量	kg/s	0.34	0.67
结构参数	管排数	—	2	3
	每排管数	—	8	8
	管程数	—	8	8
	管子壁厚	mm	0.6	0.6
	翅片厚度	mm	0.115	0.115
物性参数	管材	—	紫铜	紫铜
	管子导热系数	W/(m·K)	407	407
	管子密度	kg/m^3	8500	8500
	翅片材料	—	铝	铝
	翅片导热系数	W/(m·K)	237	237
	翅片密度	kg/m^3	2702	2702

表 3-2 选定设计参数及其范围设定

序号	设计参数	符号	设定范围
1	管间距	d_t	12~40mm
2	排间距	d_l	12~40mm
3	管子外径	d_o	6~20mm
4	翅片间距	d_f	1~10mm
5	翅片数	n_f	200~1000

优化设计计算的约束条件为：

(1) 管内水的流速范围为 0.5~3m/s；

(2) 水侧和空气侧的雷诺数均大于 2300；

(3) 管侧压降 ΔP_w 小于 50kPa，空气侧压降 ΔP_a 小于 20kPa。

运用前文介绍的基于遗传算法和煅耗散理论的传热优化设计方法，在建立的数学模型基础上，根据设定的各项参数与限制条件，可进行不同风机盘管换热器的优化设计。优化设计结果通过以下三部分来显示：

(1) 遗传算法计算过程中最佳个体对应的适应度值，即煅耗散热阻值的变化情况；

(2) 换热器性能评价参数在优化计算过程中的变化情况，包括换热量 (Q)、气侧和水侧的压力损失 (ΔP_a、ΔP_w)、总泵功 (W_P) 和换热器效能 (ε)；

(3) 对初始结构和优化结构下的换热器各项性能指标进行对比。

下面分别就供冷干式风机盘管换热器（算例 1）和供暖型风机盘管换热器（算例 2）的优化设计计算结果进行分析。

3.5.2 设计计算结果分析

3.5.2.1 供冷干式风机盘管换热器结果分析

随着建筑节能和室内空气品质要求的提高，温湿度独立控制和水蒸发冷却空调技术逐步推广，干式风机盘管开始在工程系统中得到应用。干式风机盘管的主要任务是排出室内显热余热，因此在换热器空气侧不存在相变。下面对一个典型工况（见表 1）的供冷干式风机盘管换热器进行优化设计并分析。

图 3-7 所示是煅耗散热阻随遗传代数的变化趋势，即遗传算法优化过程中适应度函数的变化情况。从图 3-7 可以看出，煅耗散热阻值随遗传代数的增加而逐渐降低，且在最初 20 多代的进化过程中降低得较快，之后缓慢降低，最终基本保持稳定。这一结果可以证明本优化计算方法的正确性和有效性。当煅耗散热阻值达到稳定时所对应的设计计算参数的值就认为是本次优化设计的结果。图 3-7 中只表示了前 100 次遗传进化的计算结果，这是因为后 100 次的数值基本上保持不变。

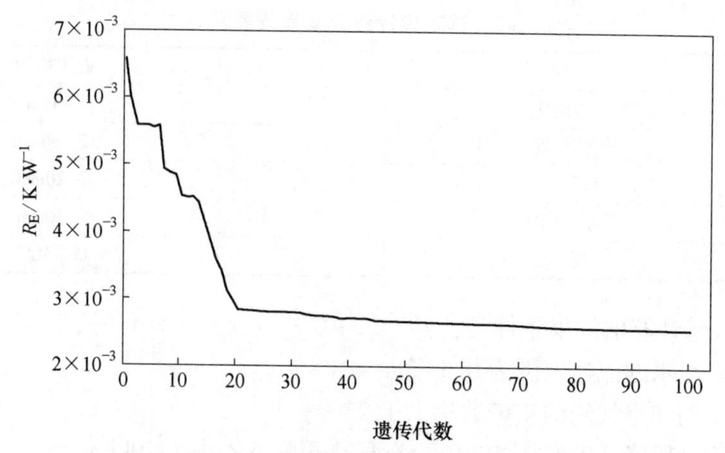

图 3-7 算例 1 炽耗散热阻随遗传代数的变化

图 3-8 所示为传热量 Q 和总泵功 W_p 随遗传代数的变化情况。从图 3-8 可以看到，传热量随着遗传代数的增加呈逐渐上升的趋势，而总泵功的变化趋势相反。说明随着优化过程的进行，换热量得到了提高，同时维持换热所需的运行能耗（总泵功）却得以减小，换热器的总体性能得到了提升。总泵功得以降低，是由于空气侧阻力损失 ΔP_a 和水侧的阻力损失 ΔP_w 都随着遗传代数而减小，如图 3-9 所示。

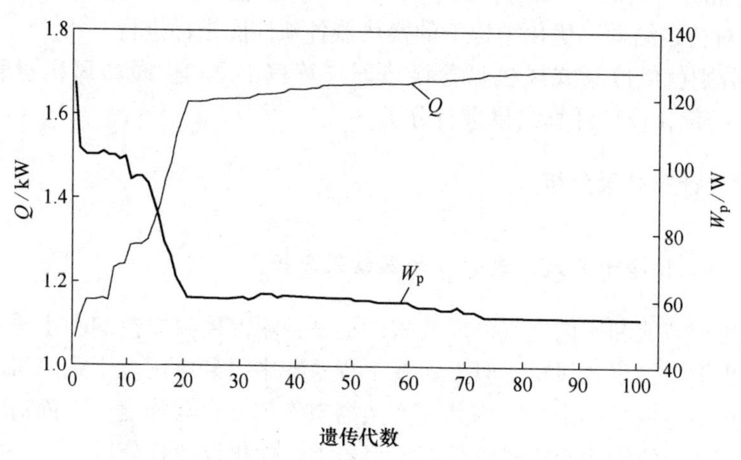

图 3-8 算例 1 传热量和总泵功随遗传代数的变化

图 3-10 显示了换热器的效能 ε 随着遗传代数的变化。换热器效能的提高同样可以证明换热器总体性能的提升。从图 3-10 可见，换热器的效能随着遗传代数的增加呈上升的趋势，并最终达到最大值。图 3-11 所示为换热器熵产值随着遗传代数的变化情况。由图 3-11 可见，随着遗传代数的增加，换热器的熵产值逐渐减小，说明优化设计的过程中换热器的不可逆性减小。

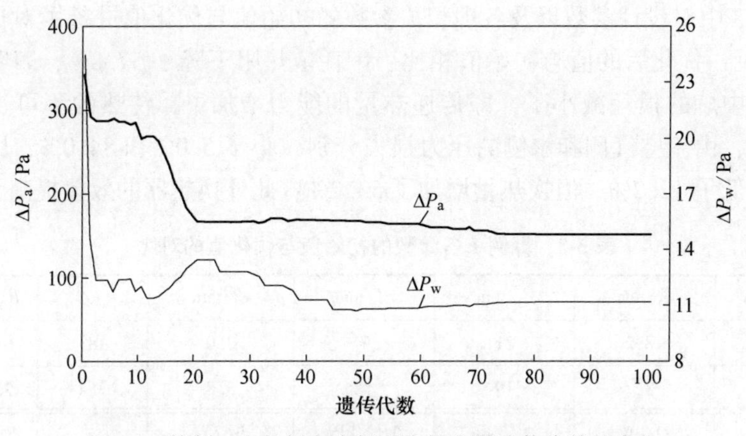

图 3-9 算例 1 空气侧和水侧阻力损失随遗传代数的变化

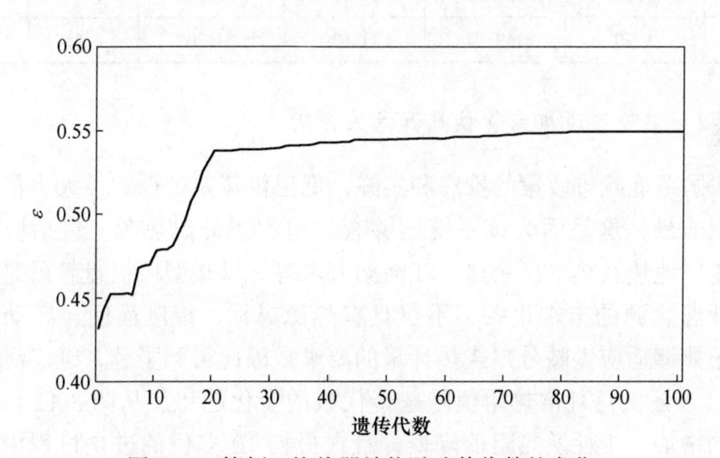

图 3-10 算例 1 换热器效能随遗传代数的变化

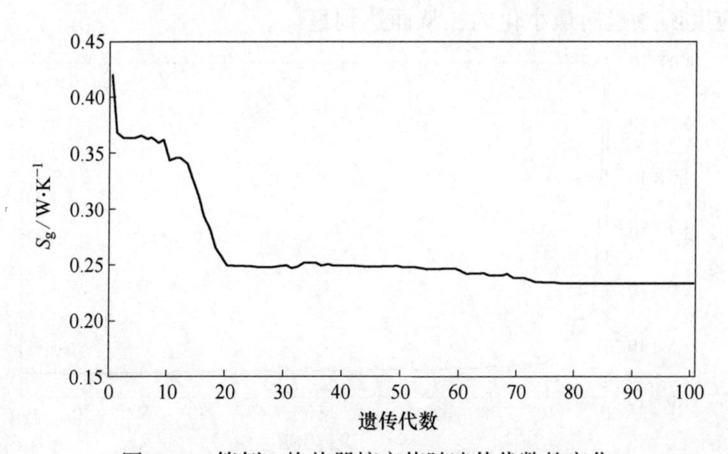

图 3-11 算例 1 换热器熵产值随遗传代数的变化

表 3-3 中对设计参数以及各项相关参数的初始值与优化值进行了对比。从表 3-3 中可见，优化后的值与初始值相比，炽耗散热阻下降了 57.8%，表明换热器换热过程中炽的损耗减小了，即传递热量的能力增加了，传热的不可逆性减小了。同时，由于空气侧和水侧的压力损失分别减小了 5.0%和 84.0%，因此泵的总功耗降低了 12.2%，但换热量增加了 53.2%；此外换热器的效能提高了 25%。

表 3-3　算例 1 各参数的初始值与优化值的对比

参数	d_t/mm	d_l/mm	d_o/mm	d_f/mm	n_f	R_E/K · W^{-1}
初始值	18.2	21	7	2.0	483	6.11×10^{-3}
优化值	32	19	12	3.8	254	2.58×10^{-3}
参数	Q/kW	ΔP_a/Pa	ΔP_w/kPa	W_p/W	ε	S_g/W · K^{-1}
初始值	1.11	157.89	68.78	61.78	0.44	0.25
优化值	1.70	149.97	11.01	54.26	0.55	0.23

3.5.2.2　供暖型风机盘管换热器结果分析

随着我国节能减排政策的推广和实施，低温供暖系统得到了大力的发展并有广阔的应用前景，这是因为该系统能够有效地利用低温热源，包括城市建筑废热、太阳能、地热及热电厂余热、江河湖海水等。供暖型风机盘管就是一种能够有效利用低温热源的末端设备，不仅具有热源灵活、控制简便、启动迅速等优点，而且还能够适应供暖分户式热计量的要求，因此得到了越来越广泛的应用。

图 3-12 所示为炽耗散热阻值随遗传代数的变化趋势。从图 3-12 可见，随着遗传代数的增加，炽耗散热阻值降低，且在最初 10 多代的进化过程中降低的速度很快，最终达到稳定，说明随着遗传算法的进行，各设计参数值的变化方向是使得其适应度函数趋向最小化的，从而达到最优。

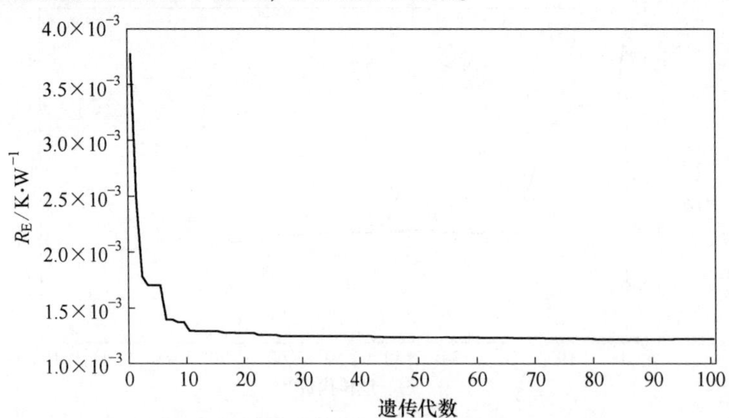

图 3-12　算例 2 炽耗散热阻随遗传代数的变化

图 3-13 展示了换热量和总泵功的变化情况。由图 3-13 可以看到，随着遗传代数的增加，换热量增加而总泵功减小。同时如图 3-14 所示，空气侧的阻力损失和水侧的阻力损失都随着遗传代数的增加而减小。换热器效能值的变化情况如图3-15 所示，由图 3-15 可见换热器效能有了明显的提高。图 3-16 所示为换热器的熵产值随着遗传代数的变化情况。由图 3-16 可见，换热器的熵产值随着遗传代数的增加而减小，并最终达到最小值。

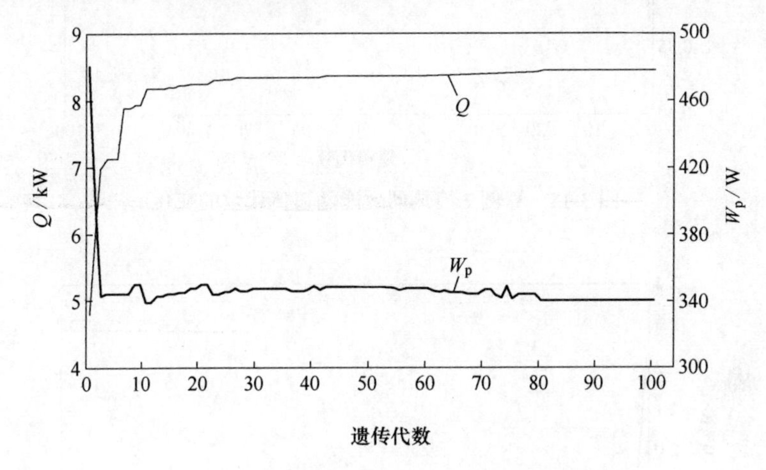

图 3-13 算例 2 换热量和总泵功随遗传代数的变化

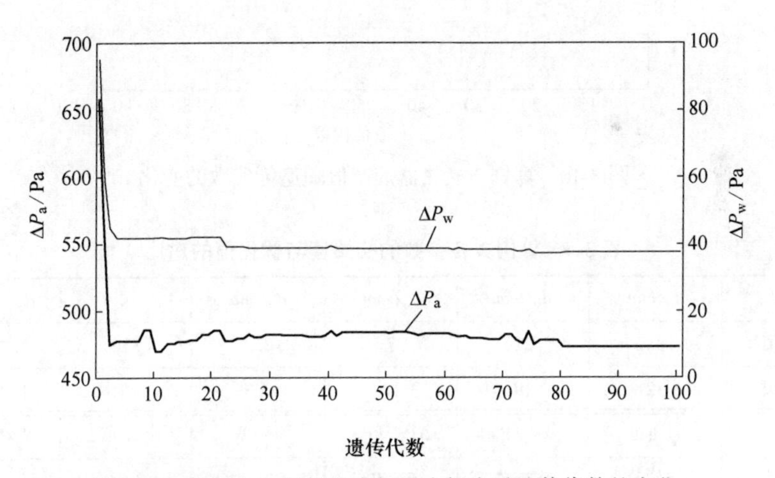

图 3-14 算例 2 空气侧和水侧阻力损失随遗传代数的变化

设计参数以及各项相关参数的初始值与优化值的对比见表 3-4。从表 3-4 中可见，优化后的值与初始值相比，煅耗散热阻下降了 67.8%。同时，由于空气侧和水侧的阻力损失分别下降了 27.7%和 60.2%，因此总的泵功耗下降了 8.0%，但换热量增加了 76.2%；此外换热器效能提高了 38.9%。

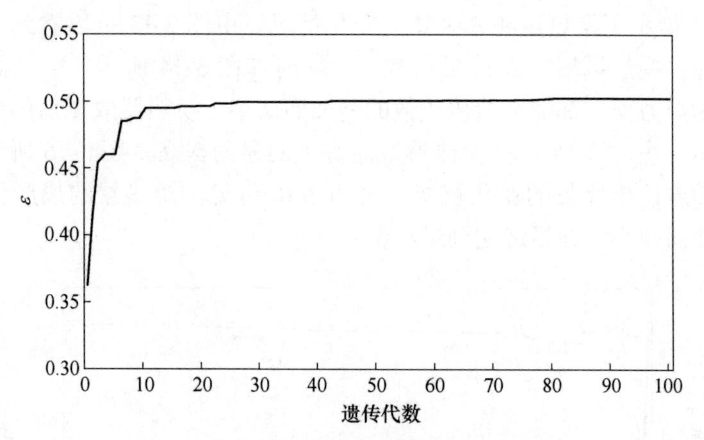

图 3-15　算例 2 换热器效能随遗传代数的变化

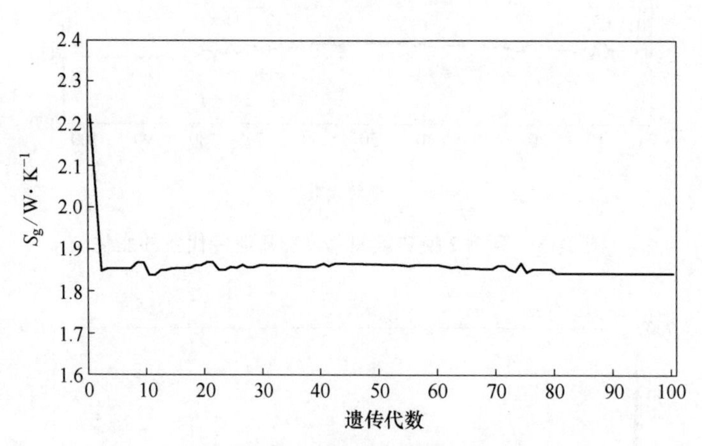

图 3-16　算例 2 换热器熵产值随遗传代数的变化

表 3-4　算例 2 各参数的初始值与优化值的对比

参数	d_t/mm	d_l/mm	d_o/mm	d_f/mm	n_f	R_E/K · W^{-1}
初始值	18. 2	21	7	2. 2	336	3. 76×10^{-3}
优化值	32	19	12	3. 8	254	1. 21×10^{-3}
参数	Q/kW	ΔP_a/Pa	ΔP_w/kPa	W_p/W	ε	S_g/W · K^{-1}
初始值	4. 79	657. 77	94. 75	480. 12	0. 36	2. 22
优化值	8. 44	475. 31	37. 73	341. 92	0. 50	1. 85

4 发电机氢冷器优化研究

本章首先介绍了电厂汽轮机的结构与通风冷却，以及氢冷器的形式和改进状况，确定氢冷器的优化研究方案；然后对不同的氢冷器结构形式进行了数学建模；之后明确了优化设计目标与条件，包括已知条件、优化设计变量和约束条件；最后在此基础上进行了氢冷器优化设计，并进行了结果分析。

4.1 大型汽轮发电机

伴随我国工业的发展和国民经济与生活水平提升，自 2011 年起，我国已经取代美国成为世界发电量第一大国。根据国家统计局数据，2021 年 1—12 月，我国发电累计产量 85342.5 亿千瓦时，其中火电总量为 58058.7 亿千瓦时，水电总量为 13390 亿千瓦时，核电总量为 4075.2 亿千瓦时。

随着多年来电力需求的高速增长，我国电网规模不断增大，发电机组参数、机组容量不断提升；火电主力机组已发展到 600~1000MW，机组的效率提升，发电煤耗不断降低。而其中，汽轮发电机发电量占发电总量的 80%左右。汽轮发电机是火电站、核电站的主要设备之一，在其发展过程中，冷却问题一直是关键技术问题。

4.1.1 大型汽轮发电机结构及单机容量提升

常见 300MW 级、600MW 级哈尔滨汽轮发电机组、日立发电机组的主要部件包括定子铁芯、定子绕组、转子、氢气冷却器、端盖，如图 4-1 所示。

单机容量大的汽轮发电机组具有明显的经济效益，增大汽轮发电机组的单机容量，单位千瓦消耗的材料较少，安装耗费的工时较少，电站整体的成本造价较低，维护以及正常运行的消耗也越低，发电效率相对较高，因此世界各主要发达国家均在发展大容量的汽轮发电机组。但提高单机容量很大程度上取决于冷却方式及发电机结构的发展。

提高汽轮发电机的容量，主要有以下两种方法。

(1) 加大其尺寸参数。这种方法在增大体积尺寸参数的同时，也会增大电机重量、损耗，从而造成电机效率下降并且受到定子尺寸运输限制和转子挠度等的限制。

图 4-1 发电机主要部件

1—转子；2—定子；3—端盖；4—定子机座；5—护环；6—转子绕组；7—氢冷器；8—出线端子

（2）增加线负荷。增加磁负荷会因受到磁路饱和的限制而难以实现，所以通常以提高线负荷来实现单机容量的提升。但这种方式也存在问题，那就是会增加线棒铜损，使得线圈的温度升高，导致绝缘老化现象的加剧，因此需要采取适当的冷却方式，把各种损耗产生的热量带走。只有这样，才能将电机各部分的温升控制在允许范围之内，从而保证电机运行安全可靠。因此，发电机冷却技术的好坏，直接影响发电机单机容量的大小，是发电机的重要研究内容。

4.1.2 大型汽轮发电机的通风冷却

汽轮发电机是火电厂、核电站能量转换的核心装置之一，其在狭小的空间内，将汽轮机输送来的约 98%的机械能转换为电能，约 1%的能量损耗以热能的形式留在发电机内部。电机的损耗主要包括铁损耗、铜损耗、励磁损耗和机械损耗。冷却器摩阻损耗、鼓风损耗、风道风摩损耗、轴承损耗均属于机械损耗。如图 4-2 所示，发电机转子轴上安装有浆式风扇驱动冷却介质在电机内部流动以带走发电机内部分热量，所消耗的能量属于机械损耗。

氢气的相对原子质量最小，为 1.008，按其质量计在地壳中占 1%，按其原子个数计在地壳中占 17%，所以氢在自然界中大多数是以化合物的状态存在。氢在自然界中分布很广，水中有 11%的氢，泥土中有 1.5%的氢，另外，石油、煤炭和动植物中也含有氢。氢气是一种无色、无味、无毒的气体，在标准状态下其密度仅相当于同体积空气的 1/14.5，所以用氢气作为发电机的冷却介质时，其通风损耗可减少到空气冷却时通风损耗的 10%左右，从而可使温升减少，发电效率提高。在众多的气体中，氢气的导热能力很好，其导热系数是空气的 1.5 倍，表

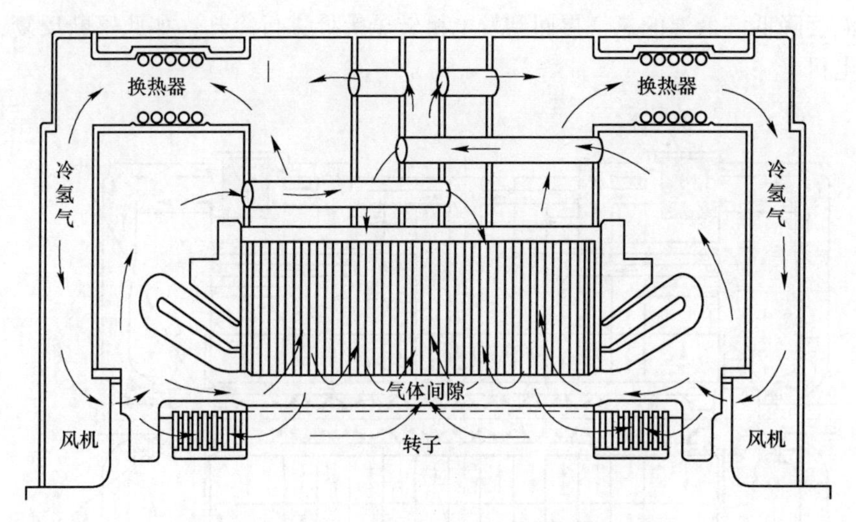

图 4-2 卧式布置氢冷器的发电机中氢气通风冷却

面散热系数越大，在相同温差下所散发的热量越多，这有利于降低温差，提高冷却效果。因此，纯氢气是发电机最理想的冷却介质。

汽轮发电机内使用不同的冷却介质冷却，介质的冷却能力越强，所需要的介质流量就越小，那么通风损耗和风摩损耗将越小，电机效率就越高。在不同冷却方式下，电机性能参数中最主要的变化是线负荷随冷却强化而增大。线负荷的增加虽然会使电磁损耗增加，但是由于采用了冷却能力更强的介质，如用氢气冷却来取代空气冷却，其通风损耗将下降，因此用氢气替代空气，发电机效率将有明显提高。对于同一种冷却介质来说，流量越大，流速越高，压力、密度越大，冷却效果越好，但是相应的流动损耗和风摩损耗越大，电机效率越低。例如，发电机氢内冷的效率比氢外冷效率低，空冷的效率又比氢冷低。但是冷却强化后，发电机的线负荷增大，可以降低发电机的材料消耗。因此，水冷却的材料消耗最低，水-氢冷却次之，全氢内冷机组的材料消耗低于氢外冷机组，而空气冷却机组的材料消耗最高。

大型汽轮发电机的冷却方式主要为水-氢-氢冷却或是全氢冷。两种方式均整体全封闭，内部氢气循环，定子铁芯及端部结构件氢气表面冷却，转子绕组气隙氢内冷的冷却方式。水-氢-氢冷却定子绕组水内冷，全氢冷定子绕组氢气内冷。

发电机端部风扇驱动发电机内的氢气，以闭式循环方式在发电机内作强制循环流动，使发电机的铁芯和转子绕组得到冷却。图 4-3 所示为立式布置氢冷器的氢冷发电机组内氢气流动风道，图 4-3 中灰色方块为四角布置的氢冷器。经过发电机各处的氢气，由于吸收了发电机运转产生的热量而温度升高。高温的氢气分别进入布置于发电机四角的四组氢冷器组中，在通过氢冷器翅片时，被冷却水冷却而温度降低。低温的氢气再回到发电机转子等处进行冷却，如此不断反复，冷却发电机。

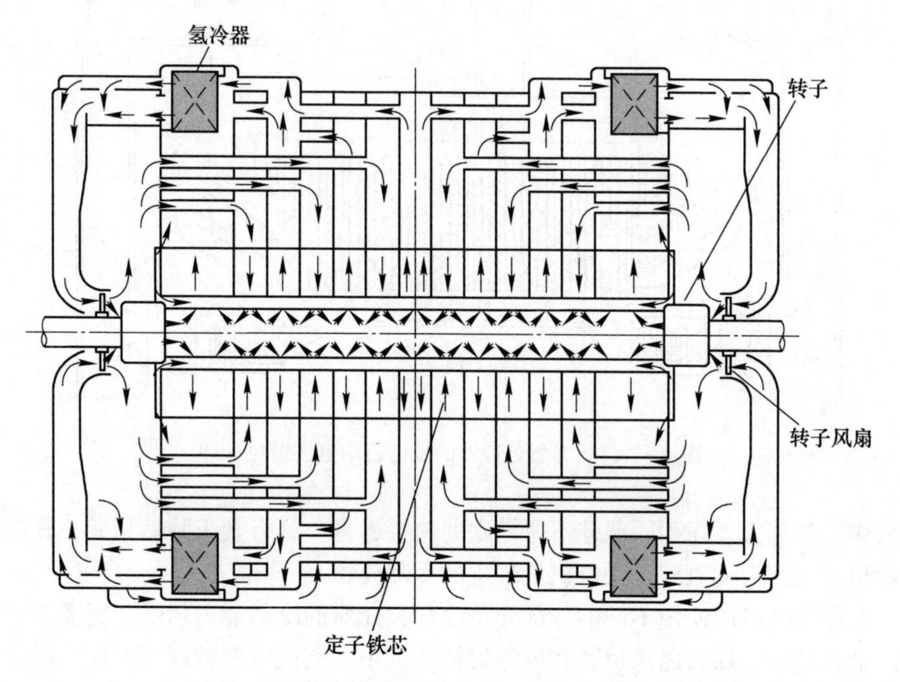

图 4-3　立式布置氢冷器的发电机中介质冷却流动风路

4.1.3　大型汽轮发电机研究重点方向

针对大型汽轮发电机，采用更有效的冷却技术提高发电机散热、使用新材料，从而使发电机各部分的温升控制在允许范围内，减少风摩损耗，提高发电机效率，保证其安全可靠地运行是其发展大型化的前提，也是其不断发展的主要课题方向。

发电机通风冷却过程中，除了要求冷却介质带走发电机内铁损、铜损、励磁损耗之外，还要求降低发电机的机械损耗。在发电机的机械损耗中，通风损耗占其 90%左右，通风损耗包括风扇动力损耗、风摩损耗。因此，降低通风损耗是目前降低发电机机械损耗的关键。随着机组容量提升，不断有新技术和新手段用到发电机散热研究中。国外目前采用数值模拟预测和实验验证的方法对发电机内部通风冷却进行研究；国内多集中在发电机内，如对转子、定子和通风情况等进行数值计算和模拟研究，部分厂家及院所进行实验研究。

提高散热强度、降低通风损耗等是发电机冷却研究的主要方向，因此有必要对作为主要冷却部件的发电机氢冷器的结构体进行设计优化研究。

4.2 发电机氢冷器

氢冷器是大型汽轮发电机组的重要组成部件，其主要作用是导走发电机运行时定子绕组、转子绕组、定子铁芯、转子铁芯、机械运转所产生的损耗热量，防止发电机各部分部件超温导致绝缘老化和缩短绝缘寿命。氢冷器的作用是在密闭循环的条件下将流经冷却器的氢气冷却，将热量导入循环冷却水中。通常要求发电机氢冷器有紧凑的结构和较高的冷却效率。

4.2.1 氢冷器的主要形式

氢冷器是大型汽轮发电机组的重要组成部件。大型汽轮发电机组通常采用2组4个以上的氢气冷却器进行散热冷却。其布置形式一般与发电机内部冷却风道设置相互配合，并在设计冷却负荷方面留有一定的裕量。

4.2.1.1 氢冷器按布置形式分类

氢冷器按照布置安装的方式可分为冷却单元垂直安装的立式冷却器和冷却元件水平安装的卧式冷却器。立式安装的氢冷器多布置于发电机四角的冷却器室内，如图4-4所示。

图4-4 氢冷器立式布置于发电机四角

也有部分机组将氢冷器全部立式布置于靠近汽机一侧，如图4-5所示。此外，还有机组将氢冷器立式布置于发电机中部，如图4-6所示。

图4-5 氢冷器立式布置于靠发电机近汽机一侧

图4-6 氢冷器立式布置于发电机中部

水平布置氢冷器的发电机组如图4-7所示。氢冷器布置在发电机背部的两个冷却风室内。此外，也有氢冷器水平承插于发电机机壳内部的布置形式，如图4-8所示。

4.2.1.2 氢冷器按冷却原件形式分类

组成氢冷器的主要冷却单元元件可以分为穿片式、轧（挤）片式、绕片式

图 4-7 水平式布置氢冷器位于发电机背部

图 4-8 水平承插布置氢冷器的发电机组

和绕簧式四种。

(1) 穿片式氢冷器。穿片式氢冷器由穿片式冷却元件组成。其冷却元件是用冷却管穿入冲有凸缘的多孔铝箔（铜带）片内，然后采用胀接方法结合固定而形成的穿片管，图 4-9 所示为穿片式冷却元件和穿片式氢冷器。

图 4-9 穿片式冷却元件和穿片式氢冷器

（2）轧（挤）片式氢冷器。轧（挤）片式氢冷器由轧（挤）片式冷却元件组成。其冷却元件是用于散热的铝翅片式采用刀具挤压方法与冷却管组成一体而形成的轧（挤）片管。图 4-10 所示为轧片式冷却管和轧片式氢冷器。

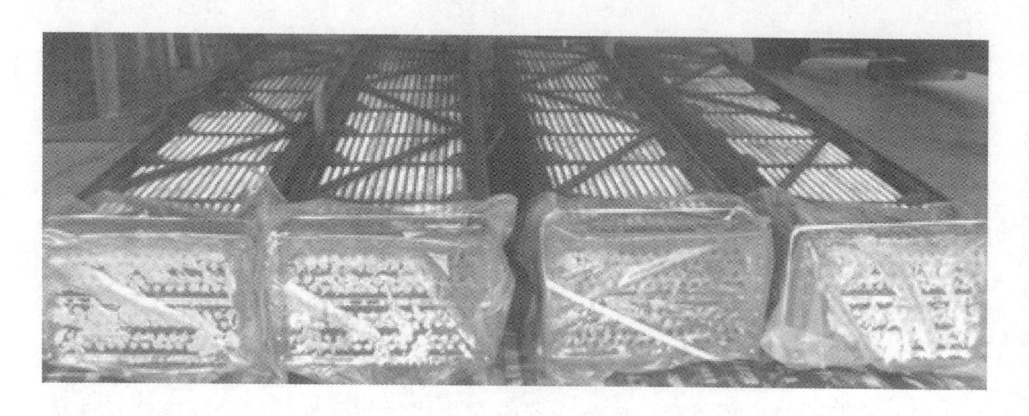

图 4-10　轧片式冷却元件和轧片式氢冷器

（3）绕片式氢冷器。绕片式氢冷器由绕片式冷却元件组成。其冷却元件是由铜线折成 L 形后经轧片按螺旋状绕于冷却管上并焊牢所形成的绕片管。图 4-11 所示为绕片式冷却元件和绕片式氢冷器。

（4）绕簧式氢冷器。绕簧式氢冷器由绕簧式冷却元件组成。绕簧式冷却元件是由铜线绕成的簧圈按螺旋状绕于铜管上并焊牢所形成的绕簧管。图 4-12 所示为绕簧式冷却管和绕簧式氢冷器。

除了上述四种氢冷器为《电机用气体冷却器》（JB/T 2728—2008）中规定的冷却器型式外，还有针翅式冷却器、倾斜式波纹翅片管冷却器等。随着工业技术的发展和制造技术的提高，将有换热能力更好的翅片管加入氢冷器的生产当中。绕簧式冷却器由于其换热能力较低，空侧阻力较大，在生产应用中已基本被淘

图 4-11 绕片式冷却元件和绕片式氢冷器

图 4-12 绕簧式冷却元件和绕簧式氢冷器

汰。穿片式、轧片式、绕片式由于其换热能力强，结构简单可靠，生产技术成熟而广泛应用。本节主要进行这三种氢冷器结构体的设计优化研究，研究计算是在压力和强度满足的条件下进行的，下文中氢冷器结构体优化设计计算中不再涉及压力、强度等计算校核。

4.2.2 氢冷器的研究改进状况

在文献调研时发现，由于我国电力工业自身发展的特点，导致我国氢冷器研究起步较晚，基本是在引进大型发电机组后才开始。在吸收和消化引进机组技术的过程中，我国开始自制相应发电机组的配套设备，才逐渐开展相关氢冷器的设计和优化研究。因此，在调研过程中一并将发电机空冷器研究优化方法也作为参考。

康明等人采用空气代替氢气，用实验方法在循环风洞内进行传热与阻力特性研究，分析了冷却水水速、风速以及胀紧量对冷却器传热及阻力性能的影响。于新娜等人使用 CFD 软件，对穿片式氢冷器进行模拟计算，分析了氢冷器布置形式对换热性能的影响和强化换热措施。

发电机空冷器研究方面，唐跃对电机冷却器的流场和温度场进行了数值计算分析。纪丽萍等人对特定形式的电机空冷器进行了试验研究，分析了传热和阻力特性。刘伟军等人对挤片式电机冷却器进行了试验研究。工程应用方面，研究多集中于增容改造、更换冷却器，而对于如何优化结构体布置，以设计提高其性能的研究较少。

4.2.3　氢冷器优化研究方案

通过调研以及工作中的实际考察，结合与相关设备厂家、设计人员、机组调试、运行维护等人员的沟通交流，目前大型汽轮发电机组氢冷器的研究相对较少，针对其结构体设计、布置方式的优化研究更少，因此，氢冷器结构体设计优化值得深入研究。

本节参考一般换热器的优化方法，针对大型汽轮发电机所用的氢冷器进行设计研究，对其结构体布置方式进行优化，以提高氢冷器的换热能力，降低氢冷器通风阻力损失，有利于降低发电机通风损耗。

本节中，氢冷器结构优化是将结构体参数作为遗传基因，在给定的参数范围和约束条件下，通过遗传进化计算，找到优化目标所对应的最优结构体的组合参数。整个氢冷器结构体优化设计研究的过程，就是找到对应最优性能的结构体参数的过程。

研究的总体方案如图 4-13 所示。首先，分析结构参数，找到影响氢冷器结构体布置、影响性能的主要参数，以此作为遗传算法的基因。然后，对氢冷器建模，将结构参数、性能参数、成本等作为优化目标，进行数字化。建模是为了确立优化目标同氢冷器结构体参数、物性参数、运行参数之间的函数关系。优化计算就是通过遗传进化计算找到最优结构体参数组合的过程。先编辑适应度函数，定义限制条件和取值范围，然后按照选定的优化目标进行计算。优化结果是优化目标所对应的氢冷器的结构参数的组合。调用性能计算程序是将得到的参数组合进行计算，得到优化后的氢冷器性能参数。

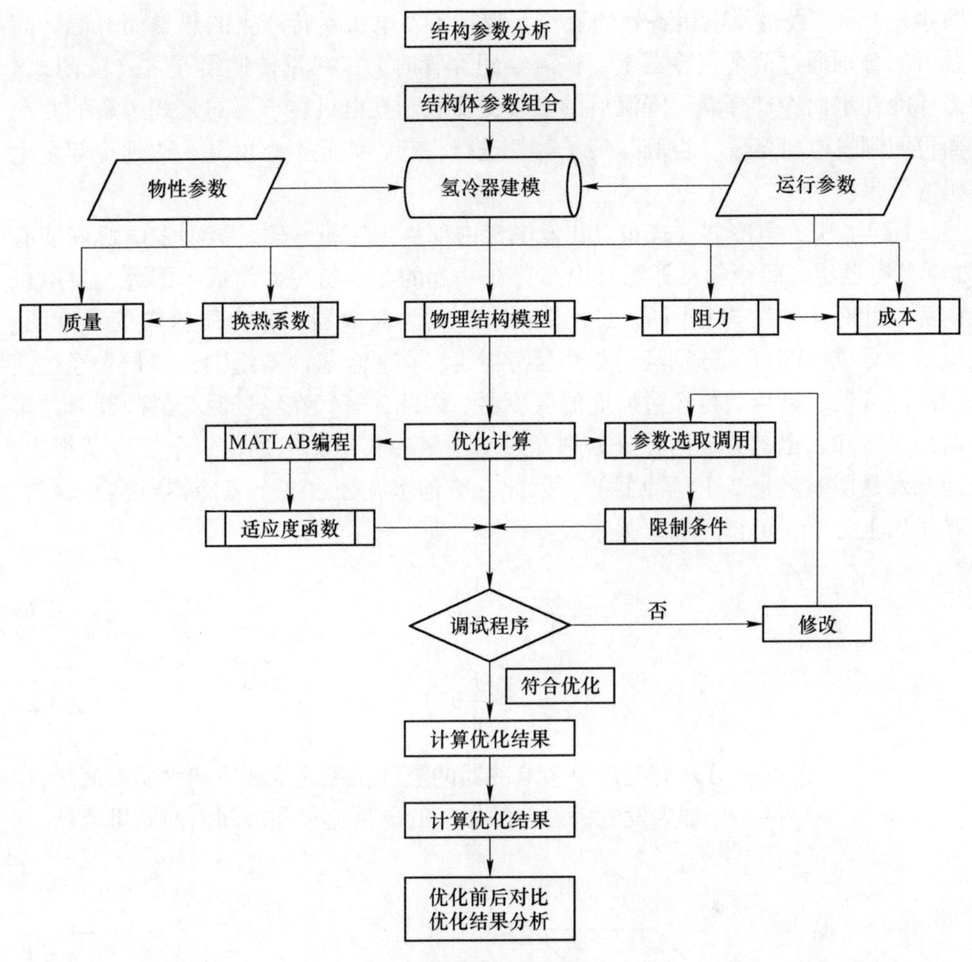

图 4-13 氢冷器结构优化研究方案

4.3 氢冷器数学模型的建立

本节的任务主要是将氢冷器的性能参数、成本等同氢冷器的结构体参数、物性参数、运行参数等建立函数关系，为性能优化计算奠定基础。

为了实现对氢冷器的结构体优化研究，需要先建立氢冷器的数学模型。本节在总体分析氢冷器外部运行参数的基础上，针对电厂发电机氢冷器常用的三种不同形式的翅片管，即轧片式、绕片式和穿片式，分别建立数学模型。

4.3.1 发电机中氢冷器总体模型

本节所选择的 1000MW 级发电机立式布置氢冷器，其在发电机的布置安装如

图 4-5 所示。经过发电机各处的氢气，吸收了发电机运转产生的热量而升温。高温氢气分别通过两个氢冷器组，在流经翅片管时，将热量传递给开式（或闭式）循环冷却水而冷却降温。降温后的氢气受安装于发电机转子上的浆式风扇的驱动而再回到发电机定子、空腔、转子等处进行冷却，如此不断反复，达到冷却发电机的效果。

图 4-5 中，氢冷器立式布置在发电机内部靠近汽机一侧。该型发电机安装有 2 个氢冷器组，每个氢冷器组又由布置在一起的 2 个氢冷器组成，因此，发电机内部一共有 4 个结构相同的氢冷器。图 4-14 为氢冷器工作介质流向的示意图。氢气被分成两部分，分别经过 2 个氢冷器组，在每个氢冷器组中，都是先经过前面的氢冷器，紧接着再经过后面的氢冷器。因此，氢气在经过两个氢冷器时是串联的。冷却水也被分成两部分分别经过 2 个氢冷器组，但是在每个氢冷器组中，冷却水是同时经过 2 个氢冷器的。因此，冷却水在经过 2 个氢冷器时是并联的。基于以上分析，可得到如下关系式：

$$m_{\mathrm{h}} = \frac{1}{2}m'_{\mathrm{h}} \tag{4-1}$$

$$m_{\mathrm{w}} = \frac{1}{4}m'_{\mathrm{w}} \tag{4-2}$$

式中　m_{h}，m_{w} ——分别为经过单个氢冷器的氢气质量流量和冷却水质量流量；

　　m'_{h}，m'_{w} ——分别为发电机内总的氢气的质量流量和冷却水的质量流量。

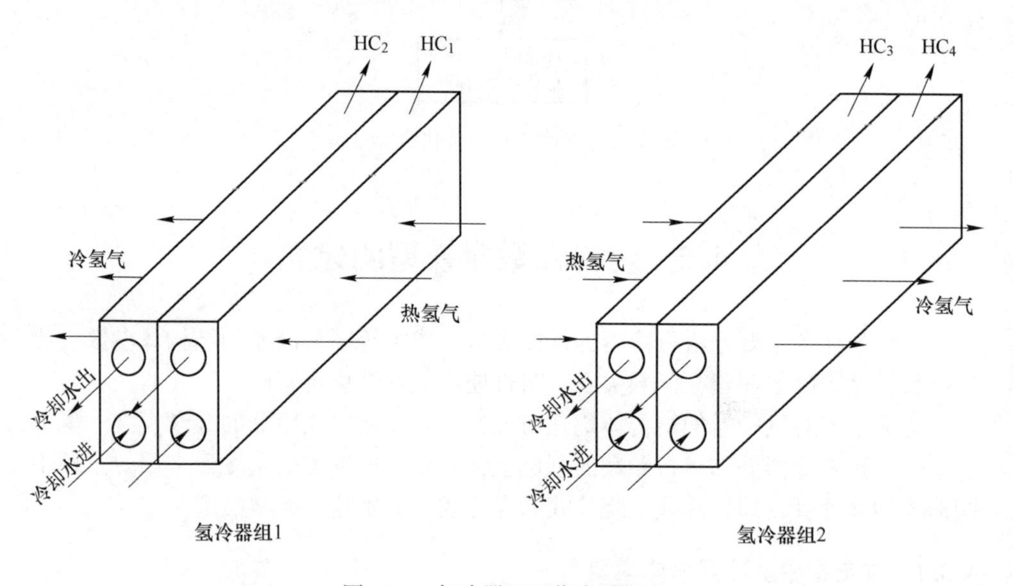

图 4-14　氢冷器组工作介质流向

在发电机内，氢气吸收了发电机运行产生的热量，并将这些热量通过氢冷器传递给冷却水。因此，当忽略换热损失时，氢冷器两侧存在如下关系式：

$$Q' = c_{ph} m'_{h} (t_{h1} - t_{h2}) = c_{pw} m'_{w} (t_{w2} - t_{w1}) \tag{4-3}$$

式中 Q'——设计总换热量；

c_{ph}，c_{pw}——分别为氢气和水的定压比热；

t_{h1}，t_{h2}——分别为氢气经过氢冷器组的进出口温度；

t_{w1}，t_{w2}——分别为冷却水的进出口温度。

在一个氢冷器组中，由于氢气是先后经过两个串联排列的氢冷器，因此对于每个氢冷器来说，氢气的进出口温度是不相等的，而氢冷器的结构是相同的，因此两个氢冷器的换热量是不相等的。但是，分析氢冷器运行环境可知，两个氢冷器的换热量差别不大，因此，本节为了简化模型和计算，假设每个氢冷器的换热量都是相等的。那么，在氢冷器的正常运行工况下，单个氢冷器的换热量 q 与总的换热量 Q 之间存在如下关系：

$$q = \frac{Q}{4} \tag{4-4}$$

但是，从氢冷器的设计角度来考虑，氢冷器应能够克服更为恶劣和极端的运行工况。在氢冷器设计中，一般要求，当 4 个氢冷器中的 1 个停止运行时，其他 3 个氢冷器依然能够承担 80%的换热负荷。因此，在氢冷器设计中，采用的是式 (4-5) 中的设计总换热量。

$$Q' = \frac{0.8 \times 4}{3} Q \tag{4-5}$$

4.3.2 轧片式氢冷器数学模型

本节将建立轧片式氢冷器的数学模型，包括物理结构模型、换热系数计算、阻力计算和成本计算，即将结构参数、物性参数、运行参数与性能参数等建立函数关系。

4.3.2.1 物理结构模型

氢冷器所用的轧片式翅片管的物理结构如图 4-15 所示。由于管外的翅片是轧制而成的，因此呈等心环形包围在基管外部。翅片的材质与基管的材质可以不同也可以相同，因此在建模中分别假设不同的物性参数。在发电机中循环使用的氢气可能携带很少量的水汽，但本节为简化模型，同时考虑已经在发电机氢气系统中安装了氢气干燥装置，因此认为换热管表面为干燥表面。

翅片管的布置形式有叉排和顺排两种，即在气流方向上管子交叉排列和顺序排列。其中，叉排布置的管外流体扰动较大，使得管外换热系数较大，但阻力也

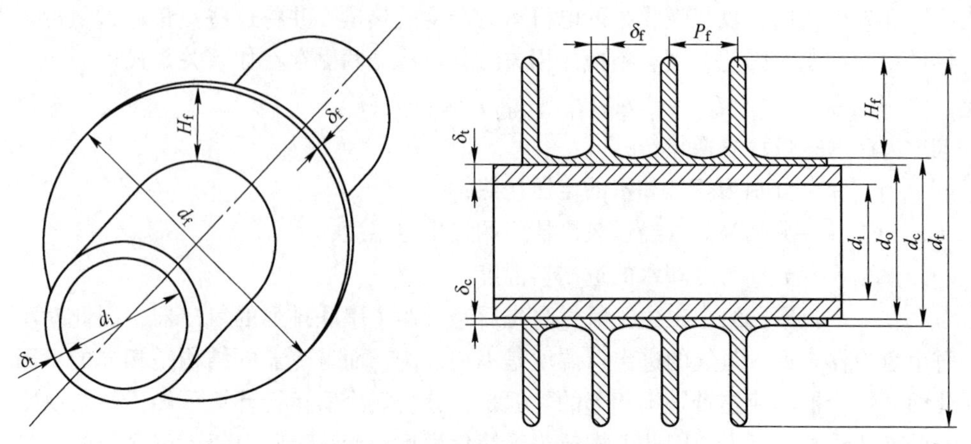

图 4-15　轧片式翅片管及其结构参数

相应增大；而顺排布置的管外流体扰动较小，使得管外换热系数较小，但阻力也相应减小。本节中的优化设计部分对换热器的换热性能和阻力特性进行讨论，建模部分对这两种布置形式都进行考虑。

图 4-16 所示为氢冷器结构布置（以 4 排管每排 6 根管的顺排布置为例）。图 4-16 中所示仅为氢冷器主要换热部分，不包括换热器外部管箱、壳体等部分。图 4-16 中 L、W 和 H 分别为氢冷器主要换热部分的长、宽和高。在传统氢冷器中，冷却水由氢冷器下部各管束进入，经过两管程的流动换热后再由上部各管束流出，最后回到冷却装置中，完成一个循环。本节的优化设计保持这种冷却水的布置形式不变，且为简化计算，假设换热器中的管内冷却水布置均为两管程，且每排的管子数为偶数。

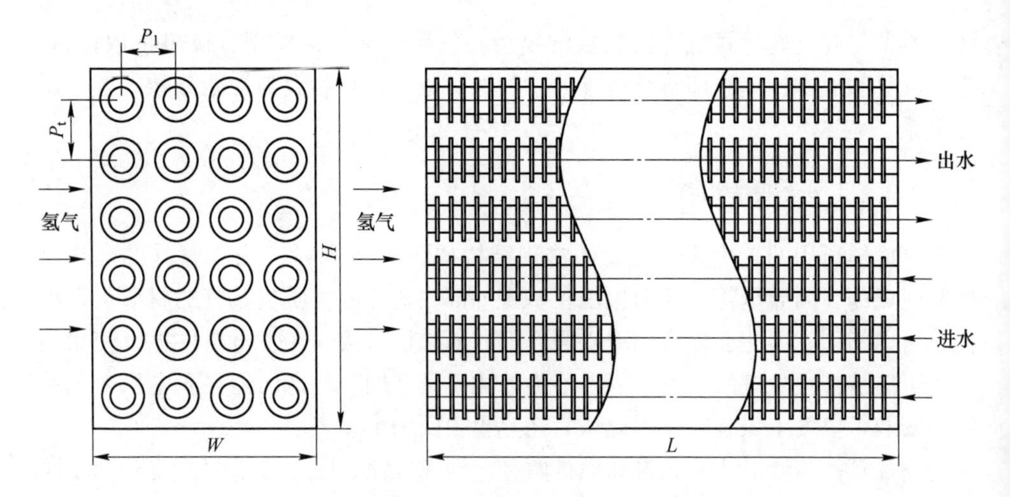

图 4-16　轧片式氢冷器结构

4.3.2.2 传热计算

本节主要介绍氢冷器的总换热系统和质量的求解。

换热器的总换热系数为各项热阻之和的倒数，以换热管光管外表面积为基准的总换热系数 K 可由式（4-6）求得：

$$K = \frac{1}{\frac{1}{h_o} + \frac{A_b}{A_i h_i} + R_o + R_i + R_t + R_j} \tag{4-6}$$

式中 h_o——氢气侧的换热系数；

h_i——水侧的换热系数；

A_b，A_i——分别为光管外表面积和换热管内表面积；

R_o，R_i，R_t，R_j——分别为氢气侧热阻、水侧热阻、管壁热阻和接触热阻。

对于强制通风下的圆管环形翅片管束，氢气侧换热系数为：

$$h_o = h_f \eta_f \frac{A_o}{A_b} \tag{4-7}$$

式中 h_f——以换热管外部总表面积为基准的管外换热系数；

η_f——翅片效率；

A_o——换热管外部总表面积。

当翅片管束为叉排布置时，以换热管外部总表面积为基准的管外换热系数可由 Briggs 和 Young 的关联式求解：

$$h_f = 0.1378 \frac{\lambda_h}{d_c} Re_o^{0.718} Pr_o^{\frac{1}{3}} \left(\frac{P_f - \delta_f}{H_f} \right)^{0.296} \tag{4-8}$$

式中 λ_h——氢气的导热系数；

d_c——翅根直径；

P_f——翅片节距；

δ_f——翅片厚度；

H_f——环形翅片的高度；

Re_o，Pr_o——分别为管外侧的雷诺数和普朗特数。

当翅片管束为顺排布置时，以换热管外部总表面积为基准的管外换热系数可由式（4-9）计算：

$$h_f = 0.0957 \frac{\lambda_h}{P_f} \left(\frac{d_o}{P_f} \right)^{-0.54} \left(\frac{H_f}{P_f} \right)^{-0.14} \left(\frac{G_{max} P_f}{\mu_h} \right)^{0.72} \tag{4-9}$$

式中 d_o——换热管外径；

G_{max}——氢气侧通过最小流通面积的质量流量；

μ_h——氢气侧的动力黏度。

其中氢气侧通过最小流通面积的质量流量为：

$$G_{max} = \frac{m_h}{A_{min}} \tag{4-10}$$

式中 m_h——氢气的质量流量；

A_{min}——氢气侧的最小流通面积。

轧片式氢冷器的氢气侧的最小流通面积为：

$$A_{min} = [(P_t - d_c)(P_f - \delta_f) + \delta_f(P_t - d_f)]n_f n_t \tag{4-11}$$

式中 n_t——每排的管数；

P_t——换热管间距；

n_f——每根管子上的翅片数；

P_f——翅片节距；

δ_f——翅片厚度；

d_f——翅片外径。

由此可计算得到氢气侧的雷诺数和普朗特数分别为：

$$Re_o = \frac{d_c G_{max}}{\mu_h} \tag{4-12}$$

$$Pr_o = \frac{c_{ph}\mu_h}{\lambda_h} \tag{4-13}$$

式中 c_{ph}——氢气的定压比热。

圆管环形翅片形式换热器的翅片效率可由下式进行计算：

$$\eta_f = \frac{\tanh mL}{mL} \tag{4-14}$$

$$mL = \left(H_f + \frac{\delta_f}{2}\right)\sqrt{\frac{2h_f}{\lambda_f \delta_f}}\sqrt{1 + \frac{H_f}{d_c}} \tag{4-15}$$

式中 λ_f——翅片的导热系数。

圆管环形翅片的换热管外部总表面积 A_o 包括管外翅片的外表面积 A_f 和基管裸露部分的外表面积 A_t，即：

$$A_o = A_f + A_t \tag{4-16}$$

对于轧片式氢冷器：

$$A_f = \left[\frac{\pi}{2}(d_f^2 - d_c^2) + \pi d_f \delta_f\right] n_f n_t N_t \tag{4-17}$$

式中 d_f ——翅片外径；

N_t ——管排数。

基管裸露部分的外表面积 A_t 为：

$$A_t = \pi d_c (P_f - \delta_f) n_f n_t N_t \tag{4-18}$$

换热管光管外表面积 A_b 为：

$$A_b = \pi d_o L n_t N_t \tag{4-19}$$

换热管内表面积 A_i 为：

$$A_i = \pi d_i L n_t N_t \tag{4-20}$$

在管内不发生相变的条件下，管内的换热系数可以利用 Sieder-Tate 关联式来进行计算。

当 $Re_i \leqslant 2100$ 时：

$$h_i = 1.86 \frac{\lambda_w}{d_i} \left(Re_i \, Pr_i \frac{d_i}{L} \right)^{1/3} \left(\frac{\mu_w}{\mu_b} \right)^{0.14} \tag{4-21}$$

当 $2100 < Re_i \leqslant 10^4$ 时：

$$h_i = 0.116 \frac{\lambda_w}{d_i} (Re_i^{2/3} - 125) \left[1 + \left(\frac{d_i}{L} \right)^{2/3} \right] Pr_i^{1/3} \left(\frac{\mu_w}{\mu_b} \right)^{0.14} \tag{4-22}$$

当 $Re_i > 10^4$ 时：

$$h_i = 0.027 \frac{\lambda_w}{d_i} Re_i^{0.8} \, Pr_i^{1/3} \left(\frac{\mu_w}{\mu_b} \right)^{0.14} \tag{4-23}$$

式中 λ_w——水的导热系数；

d_i——管子的内径；

μ_w，μ_b——分别为水在流体温度和壁面温度下的动力黏度。

水侧的雷诺数 Re_i 为：

$$Re_i = \frac{d_i G_i}{\mu_w} \tag{4-24}$$

式中 G_i——管内水的质量流量，可由式（4-25）计算得到：

$$G_i = \frac{4 N_p m_w}{\pi d_i^2 N_t n_t} \tag{4-25}$$

式中 N_p——管程数；

m_w——水的质量流量。

水侧的普朗特数为：

$$Pr_i = \frac{c_{pw} \mu_w}{\lambda_w} \tag{4-26}$$

式中 c_{pw}——水的定压比热。

由于各种物质的污垢热阻的经验值都是以污垢层附着的表面为基准的，因此换算成以光管外表面积为基准的管外和管内的污垢热阻分别为：

$$R_o = r_o \frac{A_b}{A_o} \tag{4-27}$$

$$R_i = r_i \frac{A_b}{A_i} \tag{4-28}$$

式中　R_o，R_i——分别为以光管外表面积为基准的管外和管内的污垢热阻；

r_o，r_i——分别为氢气侧的污垢热阻（以换热管总外表面积为基准）和水侧的污垢热阻（以基管内表面积为基准）。

根据氢冷器的实际使用状况，可查表得到 $r_o = 0.0006(m^2 \cdot K)/W$、$r_i = 0.00017(m^2 \cdot K)/W$。管壁的热阻 R_t 可由式（4-29）求得：

$$R_t = \frac{d_o}{2\lambda_t} \ln \frac{d_o}{d_i} \tag{4-29}$$

式中　λ_t——管壁的导热热阻。

接触热阻 R_j 又称为间隙热阻，是由于翅片与基管之间的不良接触引起的。接触热阻的形成，一方面是由于翅片在轧制、绕制或穿片过程中，翅片与基管之间存在一定的间隙；另一方面是由于翅片管具有一定的使用温度，基管管材与翅片管材的热膨胀存在差异，导致两者脱离接触，从而出现间隙。此间隙将导致传热阻力增加，从而形成接触热阻。哈尔滨工业大学的马义伟教授等人在总结外国经验的基础上，对国产翅片管的接触热阻进行了研究，并给出了接触热阻的计算图。参考计算图可知，当管内流体的温度小于 50℃ 时，翅片管的接触热阻与其他热阻相比可忽略不计。本节中，氢冷器管内冷却水的工作温度在 30~50℃ 之间，因此接触热阻可以忽略不计。

氢冷器换热核心部分的尺寸的表达式分别为：

$$L = n_f P_f \tag{4-30}$$

$$W = N_t P_l \tag{4-31}$$

$$H = n_t P_t \tag{4-32}$$

圆管环形翅片管氢冷器的总质量由基管质量、基管外（翅根处）覆层的质量和翅片的质量三部分组成。对于轧片式氢冷器，基管质量为：

$$M_t = \frac{1}{4}\pi(d_o^2 - d_i^2) L \rho_t n_t N_t \tag{4-33}$$

式中　ρ_t——基管的密度。

基管外覆层的质量为：

$$M_c = \frac{1}{4}\pi(d_c^2 - d_o^2) L \rho_c n_t N_t \tag{4-34}$$

式中　ρ_c——覆层的密度。

翅片质量为：

$$M_f = \frac{1}{4}\pi(d_f^2 - d_c^2) \delta_f n_f \rho_f n_t N_t \tag{4-35}$$

式中 ρ_f——翅片的密度。

因此，换热器核心换热部分的总质量为：

$$M = M_t + M_c + M_f \tag{4-36}$$

4.3.2.3 阻力计算

本节主要介绍氢冷器的氢气侧的阻力损失、水侧的阻力损失和泵功耗的求解。

对于强制通风条件下的圆管环形翅片管束，氢气侧的阻力损失可采用 Briggs-Young 关联式来计算：

$$\Delta P_o = f_o N_t \frac{G_{max}^2}{2\rho_h} \tag{4-37}$$

式中 ρ_h——氢气的密度。

当管束布置形式为叉排时，氢气侧的摩擦阻力系数 f_o 可由式（4-38）计算：

$$f_o = 37.86\, Re_o^{-0.316} \left(\frac{P_t}{d_c}\right)^{-0.927} \left(\frac{P_t}{\sqrt{P_l^2 + (P_t/2)^2}}\right)^{0.515} \tag{4-38}$$

当管束布置形式为顺排时，氢气侧的摩擦阻力系数可由式（4-39）计算：

$$f_o = 3.68\, Re_o^{-0.12} \left(\frac{P_f - \delta_f}{H_f}\right)^{-0.196} \left(\frac{P_t}{d_o}\right)^{-0.823} \tag{4-39}$$

当管内为单相流动，且不存在相变过程时，水侧的阻力损失由沿管长的摩擦阻力损失、管箱内非引管侧连接两管程流体转弯阻力损失和 2 次进出口处的阻力损失三部分组成，即：

$$\Delta P_i = \xi(\Delta P_l + \Delta P_r) + \Delta P_N \tag{4-40}$$

式中 ξ——管程压力损失污垢校正系数；

ΔP_l——沿管长的摩擦阻力损失；

ΔP_r——管箱内非引管侧连接两管程流体转弯阻力损失；

ΔP_N——进出口处的阻力损失。

污垢校正系数与污垢热阻有关，可由式（4-41）求得：

$$\xi = 0.6 + 0.4\ln(10300 r_i + 2.7) \tag{4-41}$$

直管段流体的压力损失可由式（4-42）求得：

$$\Delta P_l = f_i \frac{G_i^2}{2\rho_w} \cdot \frac{N_p L}{d_i} \left(\frac{\mu_w}{\mu_b}\right)^{-0.14} \tag{4-42}$$

式中 f_i——管内摩擦阻力系数；

N_p——管程数。

当管内为单向流，且不存在相变时，管内摩擦阻力系数为：

当 $Re_i<10^3$ 时，

$$f_i = 67.63 Re_i^{-0.9873} \tag{4-43}$$

当 $Re_i = 10^3 \sim 10^5$ 时，

$$f_i = 0.4513 Re_i^{-0.2653} \tag{4-44}$$

当 $Re_i>10^5$ 时，

$$f_i = 0.2864 Re_i^{-0.2258} \tag{4-45}$$

管箱内非引管侧连接两管程流体转弯阻力损失为：

$$\Delta P_r = 4N_p \frac{G_i^2}{2\rho_w} \tag{4-46}$$

进出口处的阻力损失为：

$$\Delta P_N = 1.5 \frac{G_i^2}{2\rho_w} \tag{4-47}$$

利用上述公式求得氢气侧和水侧的阻力损失后，可以用式（4-48）来简单估算克服管内外阻力所消耗的总的泵功耗：

$$W_p = \frac{m_h \Delta P_o}{\eta_o \rho_h} + \frac{m_w \Delta P_i}{\eta_i \rho_w} \tag{4-48}$$

式中 η_o——氢气侧风机的效率；

η_i——水侧驱动水泵的效率。

在该型式发电机组内部，为了提高冷却氢气系统流通动力，在发电机转子（本节优化目标机组）上安装了4级风扇扇叶，因此，氢冷器中通过做功驱动氢气流通的并不是普通的风机，而是发电机的转子。在研究中，为了简化起见，对氢气侧驱动形式进行等效处理。参考浆式风扇的效率，综合考虑氢冷器实际情况，选取氢气侧风机效率为 $\eta_o=0.6$。关于驱动水泵的效率，根据百万机组开式冷却循环水所用水泵的效率的统计数据，依据最佳效率，可选用 $\eta_i=0.78$。

4.3.2.4 成本计算

关于氢冷器成本的计算，有两种不同的考虑角度。一种是从氢冷器生产厂家，即氢冷器制造者的角度进行考虑，氢冷器的成本主要是材料成本和工艺成本。另一种是从发电厂，即氢冷器使用者的角度进行考虑，氢冷器的成本主要是初投资成本和运行成本。本节进行的氢冷器优化设计，无论是从制造者还是使用者的角度，都应该能够有效地降低总成本，只是不同的考虑角度的侧重点不同而已。本节暂时选择使用者的角度进行研究。

从氢冷器使用者的角度来讲，氢冷器的成本 C 包括初投资成本 C_{ini} 和运行成本 C_{op} 两部分，本节中为简化计算，不考虑资金的时间价值，因此氢冷器的成本可由式（4-49）计算：

$$C = C_{ini} + C_{op} \tag{4-49}$$

氢冷器的初投资成本与氢冷器的规格尺寸、材料、重量、结构形式和工艺等都有关系，但本节为简化模型，近似认为氢冷器的初投资成本与氢冷器的质量成正比，即：

$$C_{ini} = c_{ini} c_M M \tag{4-50}$$

式中 c_{ini}——单位质量的初投资成本系数，在本节中，经过对内蒙古使用氢冷器的电厂以及市场行情的调查，得出单位质量的初投资成本系数为：轧片式 $c_{ini}=95$ 元/kg，绕片式 $c_{ini}=98$ 元/kg，穿片式 $c_{ini}=85$ 元/kg；

c_M——氢冷器的总质量（包括外壳等）与氢冷器核心换热部分质量的比值，在调研考察的基础上，近似取轧片式和绕片式 $c_M=1.1$，穿片式 $c_M=1.06$；

M——氢冷器换热部分的总质量，其计算方法可见上文。

氢冷器的运行成本主要包括运行电耗和维护成本，暂不考虑维护成本，因此，运行成本就是氢气侧和水侧的驱动成本，即总的泵功耗费用。氢冷器的运行成本可由式（4-51）计算：

$$C_{op} = \frac{c_{op} W_p N_y t_y}{1000} \tag{4-51}$$

式中 c_{op}——电价；

W_p——总的泵功耗；

N_y——氢冷器的正常使用年限；

t_y——氢冷器在正常使用年限内平均每年的运行时间（以小时计）。

关于电价的选取，由于优化对象氢冷器为发电机中使用的部件，因此应选用上网电价。选用内蒙古西部电网向华北电网外送电价，即取 $c_{op}=0.3525$ 元/(kW·h)。关于氢冷器的正常使用年限，假设氢冷器可以在 3 个大型检修期内正常运行，即正常使用年限为 $N_y=3$ 年×3=9 年。根据 2012 年度全国火电 1000MW 级机组的基础运行数据的调查结果，发电机组的年度平均运行时间为 7614.5h。本节借鉴这一调查结果，选定氢冷器在正常使用年限内平均每年的运行时间为 $t_y=7614.5$h。

4.3.3 绕片式氢冷器数学模型的建立

绕片式氢冷器在结构上与轧片式相似，但仍存在一些差别。本节主要针对物理结构模型、换热计算、阻力计算和成本计算中与轧片式的不同之处，建立绕片式氢冷器的数学模型。

4.3.3.1　物理结构模型

绕片式翅片管的管外环形翅片是通过绕片机械缠绕在基管之上的，其物理结构如图 4-17 所示。由于翅片在管外呈螺旋状排布，因此在物理结构上与轧片式存在一定的差别。但国内现有大部分文献中，对于绕片式翅片管和轧片式翅片管的物理结构一般不作区分，即近似认为相同。本节将对绕片式翅片管的外部物理结构参数和换热、阻力特性做相应的讨论。

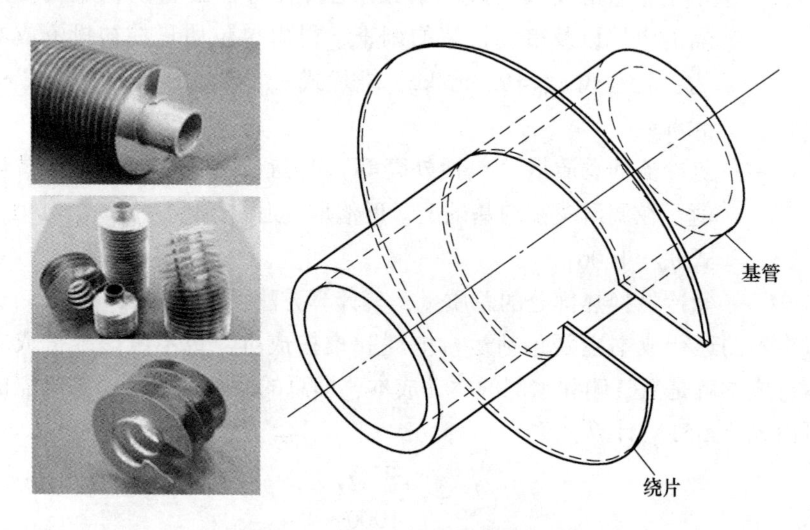

图 4-17　绕片式翅片管物理结构

图 4-18 所示为绕片式翅片管，由翅片管的剖面可见，翅片分布是不对齐的，其他的参数与轧片式翅片管基本相同。由绕片式翅片管所组成的氢冷器的结构与轧片式的氢冷器相同。此外，在绕片式氢冷器的建模中，关于冷却水布置形式的假设与轧片式氢冷器相同，且翅片管的布置形式也有叉排和顺排两种。

4.3.3.2　换热计算

对于绕片式氢冷器，总的换热系数的计算公式与轧片式相同，且式中各项参数的物理意义也相同。对于绕片式氢冷器，以换热管外部总表面积为基准的管外换热系数 h_f 的计算采用式（4-52）计算：

$$h_{\mathrm{f}} = j_{\mathrm{o}} G_{\max} c_{\mathrm{ph}} Pr_{\mathrm{o}}^{-2/3} \tag{4-52}$$

式中　j_o——传热因子。

当翅片管布置形式为叉排时：

$$j_{\mathrm{o}} = 1.1184\, Re_{d_{\mathrm{h}}}^{0.5183} \left(\frac{P_{\mathrm{f}}}{d_{\mathrm{h}}}\right)^{0.7147} N_{\mathrm{t}}^{0.1684} \tag{4-53}$$

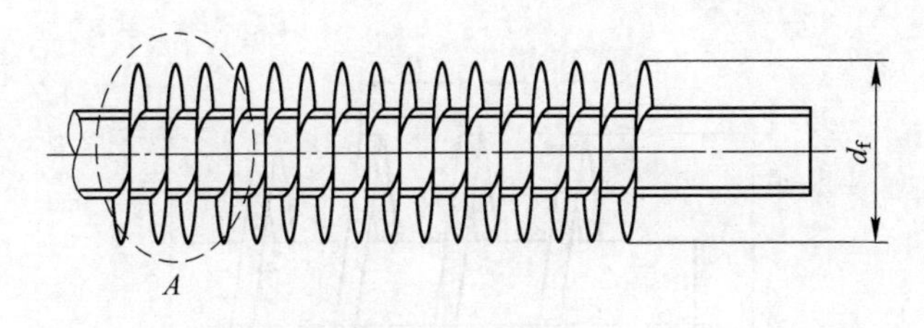

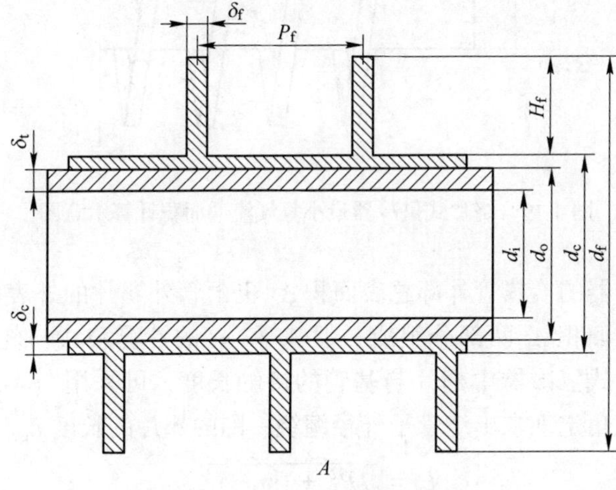

图 4-18 绕片式翅片管

当翅片管布置形式为顺排时：

$$j_o = 0.3452\, Re_{d_h}^{-0.3972} \left(\frac{P_f}{d_h}\right)^{0.6626} N_t^{\ -0.2026} \tag{4-54}$$

式中 d_h——管外水力直径。

$$d_h = \frac{4A_{\min}W}{A_o} \tag{4-55}$$

式中 W——氢冷器换热器部分的宽度，即氢气流动方向上的长度；

$A_{\min}$——最小氢气流通面积。

为了计算绕片式氢冷器的最小氢气流通面积，对绕片式的外部翅片结构做如图 4-19 所示的等效。

经过以上等效处理，绕片式氢冷器的最小氢气流通面积为：

$$A_{\min} = \left\{(P_t - d_c)P_f - \delta_f\left[\sqrt{d_f^2 + \left(\frac{P_f}{2}\right)^2} - \sqrt{d_c^2 + \left(\frac{d_c P_f}{2d_f}\right)^2}\right]\right\} n_f n_t \tag{4-56}$$

式中 n_f——单管翅片数。

在绕片式翅片管中，定义单管翅片数为单管上翅片缠绕的圈数，即：

$$n_f = \frac{L}{P_f} \tag{4-57}$$

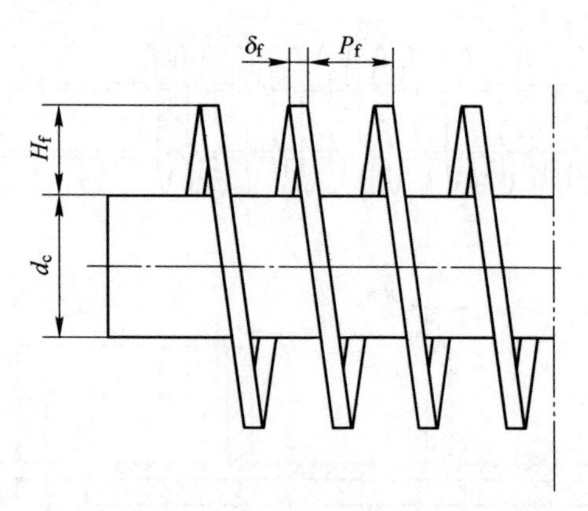

图 4-19 绕片式氢冷器最小氢气流通面积计算示意图

绕片式氢冷器的换热管外部总表面积 A_o 也由管外翅片的外表面积 A_f 和基管裸露部分的外表面积 A_t 两部分组成，但 A_f 和 A_t 的计算公式与轧片式不同。首先，为计算绕片式氢冷器中翅片与基管的接触长度，可采用图 4-20 所示的计算方法，即利用三角定理求出绕管子外径缠绕一圈的翅片的长度 L_r。

$$L_r = \sqrt{P_f^2 + (\pi d_c)^2} \tag{4-58}$$

将绕片式的翅根直径等效为轧片式的翅根直径，则等效翅根直径为：

$$d_r = \frac{L_r}{\pi} \tag{4-59}$$

由此，可计算出绕片式氢冷器的管外翅片的外表面积为：

$$A_f = \left\{\frac{\pi}{2}[(d_r + 2H_f)^2 - d_r^2] + \pi(d_r + H_f)\delta_f\right\} n_f n_t N_t \tag{4-60}$$

用同样的方法，可得出基管裸露部分的外表面积为：

$$A_t = [\pi d_c P_f - \delta_f \sqrt{P_f^2 + (\pi d_c)^2}] n_f n_t N_t \tag{4-61}$$

绕片式氢冷器的翅片管的总质量，也是由基管质量、基管外（翅根处）覆层的质量和翅片的质量三部分组成。其中，基管质量和基管外覆层质量的计算公式与轧片式的相同，但翅片质量的计算公式不同，具体如下：

$$M_f = \frac{1}{4}\pi[(d_r + 2H_f)^2 - d_r^2]\delta_f n_f n_t N_t \tag{4-62}$$

4.3.3.3 阻力计算

对于绕片式氢冷器，可以近似选用与轧片式相同的计算公式来计算管外的阻力损失。但是，由于管外翅片形式的不同，两者的最小氢气流通面积不同，所计算出的氢气侧流速和雷诺数等也不相同，因此阻力损失的计算结果不同。

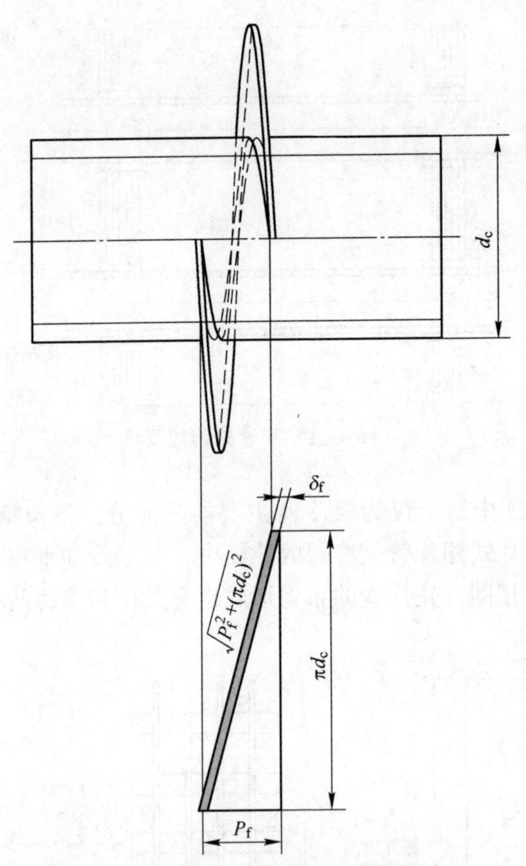

图 4-20 翅片与基管接触长度的计算示意图

除此之外，绕片式氢冷器的管内阻力损失、总泵功耗和总成本的计算方法与轧片式氢冷器的计算方法相同，在此不再赘述。

4.3.4 穿片式氢冷器数学模型的建立

穿片式氢冷器与轧片式、绕片式氢冷器在结构上同属于管翅式换热器，但结构特征和性能不同。本节主要针对物理结构模型、换热计算、阻力计算和成本计算中与轧片式的不同之处，建立穿片式氢冷器的数学模型。

4.3.4.1 物理结构模型

氢冷器所用的穿片式（又称为套片式）翅片管的物理结构如图 4-21 所示。穿片式翅片管换热器的翅片为一个整体的平板，基管插入平板上的管孔后，经过胀管和表面镀锌处理而与平板紧密结合。

图 4-22 所示为穿片式翅片管氢冷器结构布置（以 2 排管每排 6 根管的叉排

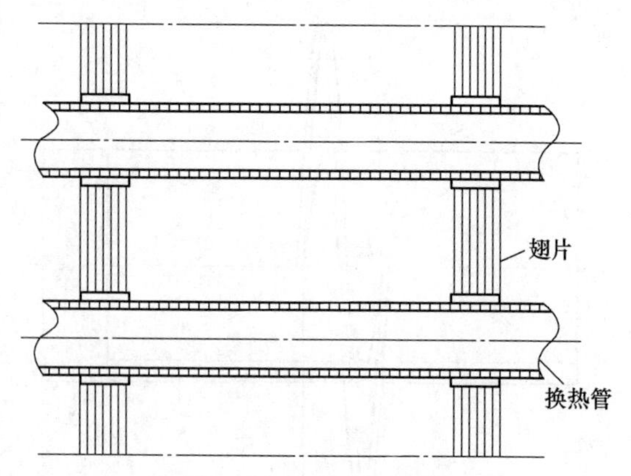

图 4-21　穿片式翅片管

布置为例)。图 4-22 中所示仅为氢冷器主要换热部分，不包括换热器外部管箱、壳体等部分。在穿片式翅片管氢冷器的建模中，关于冷却水布置形式的假设与轧片式翅片管氢冷器相同。翅片管的布置形式也有叉排和顺排两种。

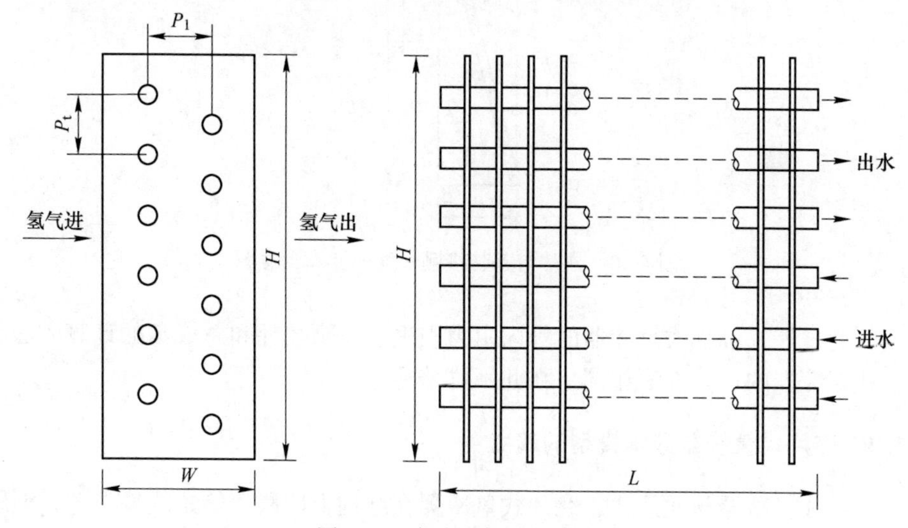

图 4-22　穿片式氢冷器结构

4.3.4.2　换热计算

对于穿片式翅片管换热器，总的换热系数的计算公式与轧片式管翅式换热器相同，且式中各项参数的物理意义也相同。当翅片管束为叉排布置时，以换热管外部总表面积为基准的管外换热系数 h_f 的计算与绕片式换热器相同。公式中，传热因子 j_o 可由 Chi-Chuan Wang 的准则关联式计算。

当 $N_t=1$ 时：

$$j_o = 0.108\, Re_o^{-0.29} \left(\frac{P_t}{P_l}\right)^{p_1} \left(\frac{P_f}{d_c}\right)^{-1.084} \left(\frac{P_f}{d_h}\right)^{-0.786} \left(\frac{P_f}{P_t}\right)^{p_2} \tag{4-63}$$

$$p_1 = 1.9 - 0.23\ln Re_o \tag{4-64}$$

$$p_2 = -0.236 + 0.126\ln Re_o \tag{4-65}$$

当 $N_t \geqslant 2$ 时：

$$j_o = 0.086\, Re_o^{p_3} N_t^{p_4} \left(\frac{P_f}{d_c}\right)^{p_5} \left(\frac{P_f}{d_h}\right)^{p_6} \left(\frac{P_f}{P_t}\right)^{-0.93} \tag{4-66}$$

$$p_3 = -0.361 - \frac{0.042N_t}{\ln Re_o} + 0.158\ln\left[N_t\left(\frac{P_f}{d_c}\right)^{0.41}\right] \tag{4-67}$$

$$p_4 = -1.224 - \frac{0.076\,(P_l/d_h)^{1.42}}{\ln Re_o} \tag{4-68}$$

$$p_5 = -0.083 + \frac{0.058N_t}{\ln Re_o} \tag{4-69}$$

$$p_6 = -5.735 + 1.21\ln\frac{Re_o}{N_t} \tag{4-70}$$

其中，管外雷诺数的求解方法与轧片式的相同；d_h 为管外的水力半径，求解方法与绕片式的相同，其中的最小氢气流通面积 A_{min} 为：

$$A_{min} = (P_t - d_c)(P_f - \delta_f)n_f n_t \tag{4-71}$$

穿片式翅片管氢冷器的换热管外部总表面积 A_o 包括管外翅片的外表面积 A_f 和基管裸露部分的外表面积 A_t，即：

$$A_o = A_f + A_t \tag{4-72}$$

$$A_f = 2n_f\left[H \times W - N_t n_t \pi\left(\frac{d_c}{2}\right)^2\right] \tag{4-73}$$

$$A_t = N_t n_t \pi d_c(L - \delta_f n_f) \tag{4-74}$$

当翅片管束为顺排布置时，以换热管外部总表面积为基准的管外换热系数 h_f 的计算采用 A. A. 果戈林的计算公式：

$$h_f = C_1 C_2 \frac{\lambda_h}{d_e}\left(\frac{W}{d_e}\right)^{C_3} Re_o^{C_4} \tag{4-75}$$

$$C_1 = 1.36 - 0.24\frac{Re_o}{1000} \tag{4-76}$$

$$C_2 = 0.518 - 2.315 \times 10^{-2} \frac{W}{d_e} + 4.25 \times 10^{-4} \left(\frac{W}{d_e}\right)^2 - 3 \times 10^{-6} \left(\frac{W}{d_e}\right)^3 \tag{4-77}$$

$$C_3 = -0.28 + 0.08 \frac{Re_o}{1000} \tag{4-78}$$

$$C_4 = 0.45 + 0.0066 \frac{W}{d_e} \tag{4-79}$$

当量直径 d_e的计算式如下：

$$d_e = \frac{2(P_t - d_o)(P_f - \delta_f)}{(P_t - d_o) + (P_f - \delta_f)} \tag{4-80}$$

翅片效率 η_f 的计算方法与轧片式相同，但计算式中参数 mL 的计算方法不同：

$$mL = H'_f \sqrt{\frac{2h_f}{\lambda_f \delta_f}} \sqrt{1 + \frac{H'_f}{d_c}} \tag{4-81}$$

$$H'_f = \sqrt{\frac{HW}{\pi N_t n_t}} - d_c \tag{4-82}$$

穿片式氢冷器的管外侧的换热系数，以及氢气侧热阻、水侧热阻和管壁热阻的计算方法与轧片式均相同。穿片式翅片管氢冷器的总质量由基管质量、基管外（翅根处）覆层的质量和翅片的质量三部分组成。其中，翅片的质量为：

$$M_f = \frac{1}{2} \rho_f A_f \delta_f \tag{4-83}$$

4.3.4.3 阻力计算

对于穿片式翅片管，当管束布置为叉排时，管外的阻力损失为：

$$\Delta P_o = 0.1328 \frac{W}{d_e} G_{max}^{1.7} \tag{4-84}$$

当管束布置为顺排时，管外的阻力损失为：

$$\Delta P_o = 0.1107 \frac{W}{d_e} G_{max}^{1.7} \tag{4-85}$$

此外，穿片式氢冷器的管内阻力损失、总的泵功耗和成本的计算方法与轧片式氢冷器的计算方法相同。

4.4 优化设计目标与条件

优化设计条件包括氢冷器优化过程中的已知参数条件、优化设计目标、优化设计变量和约束条件。

4.4.1 优化设计目标

为了从不同的角度进行氢冷器的优化设计，本节分别采用不同的优化设计目标，其中包括单个优化目标，即总换热系数 K、氢气侧阻力损失 ΔP_o 和总成本 C，以及多目标优化设计。下面分别进行介绍。

4.4.1.1 总换热系数 K

电厂发电机组中氢冷器的主要作用为通过换热将氢气中的热量带走，从而实现对发电机的降温。因此，在氢冷器的优化设计中，首先要关心的就是氢冷器的换热性能。采用总换热系数作为优化设计目标，可以得出在一定约束条件下，传热性能最优的氢冷器结构形式。因此，在优化设计中，可以在满足阻力损失限制的前提下，最大化氢冷器的总换热系数。

从数学建模部分可知，氢冷器的总换热系数 K 与氢冷器的翅片管结构、翅片管布置形式和管内外介质的性质有关。对于轧片式、绕片式和穿片式三种不同的氢冷器形式，总换热系数的计算公式均不同，需要分别进行优化设计。

4.4.1.2 氢气侧阻力损失 ΔP_o

在换热强化中，一般换热性能的提升都会伴随阻力损失的增加，当换热性能提升所带来的效益小于阻力损失所需付出的代价时，强化换热就失去了意义。因此，在传热优化设计中，必须同时考虑阻力损失的影响。在发电机组中，氢气在吸收了发电机放热后流经氢冷器所需的驱动力是由发电机转子轴上装设的风扇叶来提供的。因此，如果氢气侧的阻力损失增大，将会减小发电机转子用于发电所做的功，从而减小发电机的发电量。相比之下，水侧的阻力损失对于发电机组整体性能的影响相对较小。因此，在单目标优化阶段，可以将氢气侧的阻力损失作为优化目标，在满足换热要求和水侧阻力损失限制等的前提下，寻求氢气侧阻力损失影响的最小化。

从数学建模部分可知，氢气侧阻力损失与氢冷器的翅片管结构、翅片管布置形式和管外介质参数均有关系。对于轧片式、绕片式和穿片式三种不同的氢冷器形式，氢气侧阻力损失的计算公式均有不同，需要分别进行优化设计。

4.4.1.3　总成本 C

以上几个目标均是从氢冷器的技术性能方面进行考虑的，但对于氢冷器来说，其成本费用也是一个重要的评价指标。因此，本节还从经济性角度考虑将氢冷器正常使用年限内产生的总成本费用作为优化目标。

从数学建模部分可知，总成本费用中的初投资成本与氢冷器的总质量有关。这是因为氢冷器作为发电机组中重要的组成部分，其重量直接影响发电机组的重量。而降低氢冷器的总重量不仅可以有效地降低初投资成本，而且还可以提升发电机组的性能，减轻发电机运行的负荷。总成本费用中的运行成本与氢冷器的氢气侧和水侧的阻力损失都有关。

4.4.1.4　单目标优化与多目标优化

以上设定均为单个目标的优化，即只考虑氢冷器性能的一个方面或多个方面的折中值。单目标优化的优点有以下三个方面。

（1）单目标优化一般相对简单，算法和编程都更加容易实现。

（2）单目标优化的针对性较强，能够有效地突出优化对象某方面的性能。在实际工程中，如果优化对象主要需要解决的只是一个方面的问题，其他参数的影响不大，那么使用单目标优化则比较合理。

（3）如果优化问题是有解的，那么单目标优化能够得出唯一的最优解。

但是，实际工程应用中往往需要权衡各个方面的影响，以使换热器的综合性能最优，这就需要多目标优化。多目标优化的优点有以下两个方面。

（1）多目标优化可以同时进行多个目标的优化，因此可以更加全面地描述所要解决的问题，权衡多个方面的影响，使得优化对象的综合性能达到最优。

（2）通过多目标优化可以得到一系列最优解，这些最优解对应于优化目标的不同取值，可以给设计者或者决策者提供比较全面的参考信息。

因此，本书也对氢冷器进行了多目标优化，其中优化目标为总传热系数 K、氢气侧阻力损失 ΔP_o 和水侧的阻力损失 ΔP_i。

4.4.2　已知参数条件

优化设计计算的已知参数条件可分为三方面，分别为运行参数、结构参数和物性参数。其中，运行参数包括氢气侧的进出口温度、水侧的进出口温度以及换热量等。

在氢冷器优化设计中，有部分结构参数可作为已知条件，即作为固定不变的量。在本节中，由于大部分结构参数都作为设计变量参与优化设计了，因此只有少部分基本可以确定且变化不大的结构参数能作为已知条件出现。这部分参数主要根据《电机用气体冷却器　第 3 部分：挤片式气体冷却器技术要求》（JB/T 2728.3—2008）中的相关规定，并参考现有实际应用中的氢冷器参数来选定，具体选择结果见表 4-1。

表 4-1　氢冷器优化设计已知结构参数　（mm）

结构参数	δ_t	δ_c	δ_f	L	W	H
数值	1	0.4	0.4	4315	360	800

本节选择 1000MW 发电机组所配备的氢冷器作为研究对象，已知的运行参数见表 4-2，且轧片式、绕片式和穿片式氢冷器的已知运行参数相同。

表 4-2　氢冷器优化设计已知运行参数

参数	符号	单位	数值
换热量	Q	kW	9400
氢气进口温度	t_{h1}	℃	74
氢气出口温度	t_{h2}	℃	38
进水温度	t_{w1}	℃	33
出水温度	t_{w2}	℃	46

根据《电机用气体冷却器　第 3 部分：挤片式气体冷却器技术要求》（JB/T 2728.3—2008）中的相关规定和实际应用案例，考虑氢冷器的实际应用环境，主要是水质的要求，选择管材为 BFe30-1-1，选择翅片材质为 T2。

物性参数包括管外介质、管内介质、管材和翅片的相关热物理性质参数。其中，氢气的物性参数是在进出口平均温度 55℃、工作压力 500kPa 条件下查取的。水的物性参数是在进出口平均温度 40℃、工作压力 1.2MPa 条件下查取的。所有已知物性参数见表 4-3。

表 4-3　氢冷器优化设计已知物性参数

参数	符号	单位	数值
管外介质	—	—	氢气
氢气定压比热	c_{ph}	kJ/(kg·K)	14.409
氢气密度	ρ_h	kg/m^3	0.301
氢气导热系数	λ_h	W/(m·K)	0.194
氢气运动黏度	μ_h	kg/(m·s)	9.474×10^{-6}
管内介质	—	—	水
水的定压比热	c_{pw}	kJ/(kg·K)	4.174

续表 4-3

参数	符号	单位	数值
水的密度	ρ_w	kg/m^3	992.2
水的导热系数	λ_w	W/(m·K)	0.635
水的运动黏度	μ_w	kg/(m·s)	6.533×10^{-4}
管子材料	—	—	BFe30-1-1
管材导热系数	λ_t	W/(m·K)	29.4
管材密度	ρ_t	kg/m^3	8940
翅片材料	—	—	T2
翅片导热系数	λ_f	W/(m·K)	388
翅片密度	ρ_f	kg/m^3	8890

4.4.3 优化设计变量

在优化设计过程中，可以通过改变优化设计变量的取值，来改变优化目标的取值，因此优化设计过程就是确定最优的优化设计变量值的过程。在遗传算法中，初始种群随机产生，即随机产生优化设计变量的初始值。但是，由于实际工程工艺要求和选用关联式的适用范围限制，氢冷器中各设计变量的值是存在一定的取值范围的。因此，需要设定各设计变量的取值范围和取值要求，使得遗传算法的选值是在特定的范围内，并按照一定的要求进行。

对于轧片式和绕片式氢冷器，可以选定相同的优化设计变量，见表 4-4。除了表中所列的设计变量之外，管间距 P_t、排间距 P_l 和单管翅片数 n_f 也是氢冷器优化设计中需要设计的变量，但是由于氢冷器的换热部分外形尺寸已经被固定，当得到管排数 N_t 时即可计算得到排间距 P_l，得到每排管数 n_t 时即可计算得到管间距 P_t，得到翅片节距 P_f 时即可计算得到翅片数 n_f。因此，相应地减少了设计变量的数量。

表 4-4 轧片式和绕片式氢冷器优化设计变量

序号	设计参数	符号	单位	取值范围	取值要求
1	管排数	N_t	排	6~14	取整数
2	每排管数	n_t	根	12~30	取偶数
3	翅片节距	P_f	mm	2~4	精确到 0.1mm
4	换热管外径	d_o	mm	12~30	取整数
5	翅片高度	H_f	mm	5~15	精确到 0.1mm

对于穿片式氢冷器，由于其在结构上与轧片式和绕片式的不同，因此选择不同的优化设计变量，见表4-5。管间距 P_t、排间距 P_l 和翅片数 n_f 也可以通过优化得到的参数和已知条件进行计算得到。

表 4-5 穿片式氢冷器优化设计变量

序号	设计参数	符号	单位	取值范围	取值要求
1	管排数	N_t	排	6~14	取整数
2	每排管数	n_t	根	12~30	取偶数
3	翅片节距	P_f	mm	2.5~4.5	精确到0.1mm
4	换热管外径	d_o	mm	10~30	取整数

4.4.4 约束条件

本节中的优化设计需满足三个方面的约束条件，即设计变量取值约束、物理结构约束和物理约束。其中，设计变量取值约束是指优化设计变量的取值范围和取值要求，这是为适应遗传算法的初始种群而设定的，即限定遗传算法中初始种群的选择范围，将所有可能的解都限定在合理的范围内，从而减小无效解产生的可能性。本节中设计变量的取值范围和取值要求可见表4-4和表4-5。

物理结构约束是指换热器结构上的逻辑约束条件，对于轧片式和绕片式氢冷器，其几何结构约束条件如下。

（1）管间距大于管子翅片外径，即 $P_t > d_f$。

（2）当换热管采用叉排等腰三角形布置时，有 $(P_t/2)^2 + P_l^2 \geqslant d_f^2$；当换热管采用顺排布置时，有 $P_l > d_f$。

对于穿片式氢冷器，其几何结构约束条件如下。

（1）管间距大于管子翅片根径，即 $P_t > d_c$。

（2）当换热管采用叉排等腰三角形布置时，有 $(P_t/2)^2 + P_l^2 \geqslant d_c^2$；当换热管采用顺排布置时，有 $P_l > d_c$。

物理约束条件是指对于换热器性能参数的限定，本节综合考虑氢冷器的实际应用环境和性能要求，设定如下物理约束条件：

（1）单台氢冷器氢气侧的阻力损失小于500Pa，即 $\Delta P_o < 500\text{Pa}$；

（2）单台氢冷器水侧的阻力损失小于50kPa，即 $\Delta P_i < 50\text{kPa}$；

（3）单台氢冷器换热部分的总质量小于2t，即 $M < 2\text{t}$。

4.5 氢冷器优化设计结果分析

运用上述介绍的遗传算法氢冷器优化设计方法和设计条件，分别进行针对换热系数、氢气侧阻力损失、总成本和多个目标的优化设计研究。下面分别介绍不同优化目标的设计结果，且针对每个优化目标分别介绍轧片式、绕片式和穿片式三种不同形式的结果。所有单目标优化的初始种群数量选择 1000，多目标优化的初始种群数量选择 500。所有单目标优化的遗传代数均选择 100 代，多目标优化的遗传代数均选择 300 代。

4.5.1　换热系数优化结果

在氢冷器遗传算法优化设计过程中，当以总换热系数为优化目标时，则遗传算法中的适应度函数即为总换热系数的值。能够使得氢冷器的总换热系数达到最大值的设计变量组合即为优化设计结果。

4.5.1.1　轧片式氢冷器

图 4-23 所示为在轧片式氢冷器遗传算法优化设计过程中，其总换热系数随着遗传代数的变化过程。如图 4-23 所示，随着遗传进化过程的进行，总换热系数的值不断增大，并最终达到稳定，说明遗传算法的进化过程是向着总换热系数增大的方向进行的，其最终收敛到最优值。其中，上部的曲线表示进化过程中的平均适应度，即总换热系数的平均值的变化趋势，下部的曲线表示进化过程中的最佳适应度，即最大的总换热系数的变化趋势。遗传进化过程大概进行到 25 代时，总换热系数的平均值与最佳值重合，并在后续的进化过程中保持稳定。

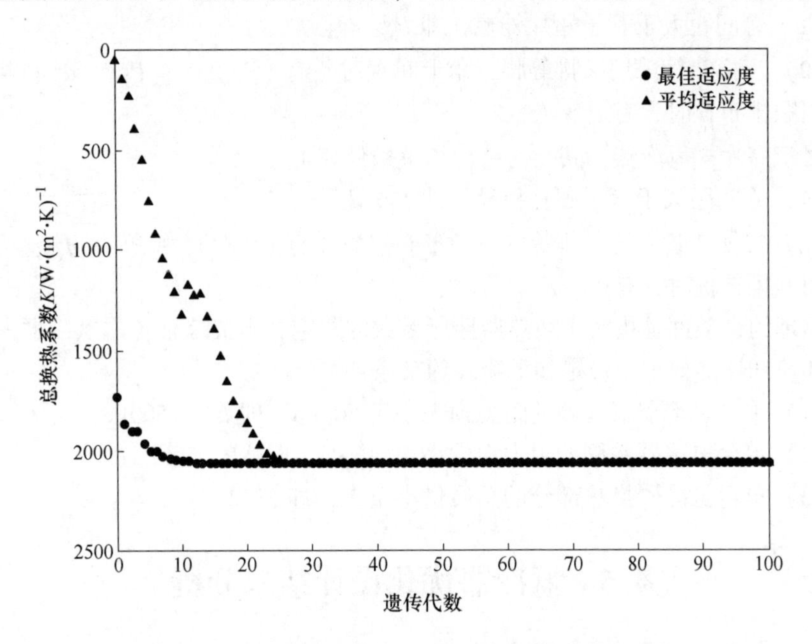

图 4-23　轧片式氢冷器总换热系数随遗传代数的变化

表4-6为总换热系数K达到最大时，对应的轧片式氢冷器的结构参数和各项性能指标值。从表4-6中可见，优化得到的最大总换热系数为2059W/(m^2·K)，与优化前的初始总换热系数相比增大了14.6%，且优化后的轧片式氢冷器换热管仍为叉排布置。管排数和每排的管子数分别减少为7排和14根，致使排间距和管间距均增大。此外，换热管的管径增加为26mm，翅片高度增加到15mm，翅片节距减小为2mm，致使翅片数增加。

分析表4-6中的数据可以发现，随着总换热系数的增大，氢气侧和水侧的阻力均有所减小，与初始值相比分别减小了30.9%和34.3%，说明氢冷器结构的合理选择可以实现换热效果和阻力特性的同时优化，即换热性能的提升并不以增加阻力损失为代价。但需要注意的是，初始氢冷器的性能参数中，氢气侧阻力损失和水侧阻力损失两个参数并不达标，因此在本优化设计中，设定两者的最大取值分别不得超过500Pa和50kPa。虽然优化目标为总换热系数，但优化过程必然向着减小氢气侧和水侧阻力的方向发展，这也在一定程度上制约了总换热系数的优化程度。附录C为电厂氢冷器原始计算程序。

表4-6 轧片式氢冷器的总换热系数优化结果

参数	N_t	n_t	P_l	P_t	d_o	H_f	d_f	n_f	P_f
单位	排	根	mm	mm	mm	mm	mm	个	mm
原始	8	22	45	36.4	19	7.1	34	1726	2.5
优化	7	14	51.4	57.1	26	15	56.8	2158	2
参数	K	ΔP_o	ΔP_i	W_p	M	C_{ini}	C_{op}	C	布置
单位	W/(m^2·K)	Pa	kPa	kW	kg	万元	万元	万元	—
原始	1796.7	601.4	69.7	36.4	1196.7	12.5	87.8	100.3	叉排
优化	2059.0	415.4	45.8	25.1	1903.0	19.9	60.3	80.2	叉排

由于氢气侧和水侧阻力损失均减小，因此总的泵功耗减小了31.0%。优化后氢冷器的总重量增加了59.0%，这是由于优化后的氢冷器虽然换热管子数减少了，但管径、翅高和翅片数都有所增加。总泵功的减小，致使运行费用减少了31.3%；质量的增加，致使初投资费用增加了59.2%。但对于氢冷器的总成本来说，其由优化前的100.3万元减少到80.2万元，证明了优化之后氢冷器的经济性更好。

4.5.1.2 绕片式氢冷器

图4-24所示为在绕片式氢冷器遗传算法优化设计过程中，其总换热系数随着遗传代数的变化过程。如图4-24所示，随着遗传进化过程的进行，总换热系数的值不断增大，并最终达到稳定。遗传进化过程大概进行到25代时，总换热系数的平均值与最佳值重合，并在后续的进化过程中保持稳定。

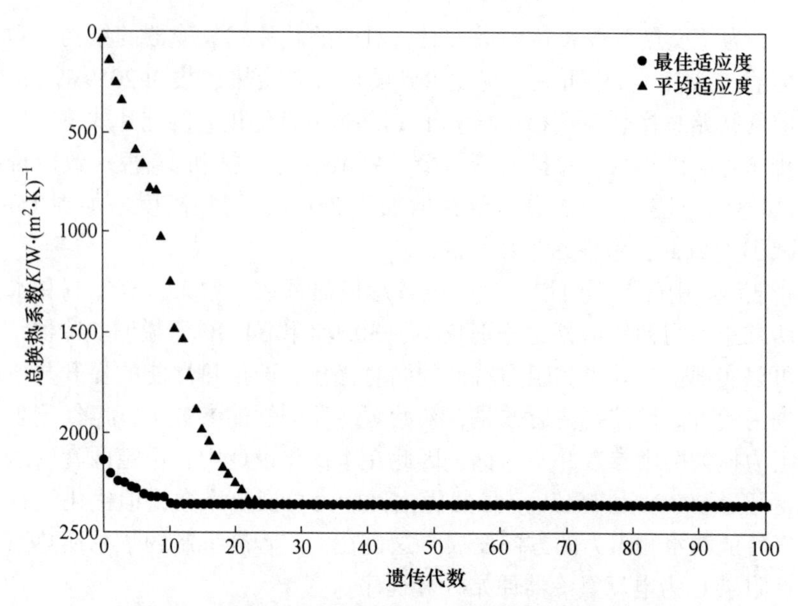

图 4-24　绕片式氢冷器总换热系数随遗传代数的变化

表 4-7 为总换热系数 K 达到最大时，对应的绕片式氢冷器的结构参数和各项性能指标值。从表 4-7 中可见，优化得到的最大总换热系数为 2364W/(m^2 · K)，与优化前的初始总换热系数相比增大了 28.2%。对比轧片式和绕片式的优化结果可以发现，在同等参数条件下，绕片式的总换热系数较大。

表 4-7　绕片式氢冷器的总换热系数优化结果

参数	N_t	n_t	P_l	P_t	d_o	H_f	d_f	n_f	P_f
单位	排	根	mm	mm	mm	mm	mm	个	mm
原始	8	22	45	36.4	19	7.1	34	1726	2.5
优化	7	14	51.4	57.1	26	15	56.8	2158	2
参数	K	ΔP_o	ΔP_i	W_p	M	C_{ini}	C_{op}	C	布置
单位	W/(m^2 · K)	Pa	kPa	kW	kg	万元	万元	万元	—
原始	1844.2	601.5	69.8	36.4	1197.1	12.9	87.8	100.7	叉排
优化	2364.0	415.5	45.8	25.0	1903.2	19.9	60.3	80.2	叉排

4.5.1.3　穿片式氢冷器

图 4-25 所示为在穿片式氢冷器遗传算法优化设计过程中，其总换热系数随着遗传代数的变化过程。如图 4-25 所示，随着遗传进化过程的进行，总换热系数的值不断增大，并最终达到稳定。遗传进化过程大概进行到 20 多代时，总换热系数的平均值与最佳值重合，并在后续的进化过程中保持稳定。

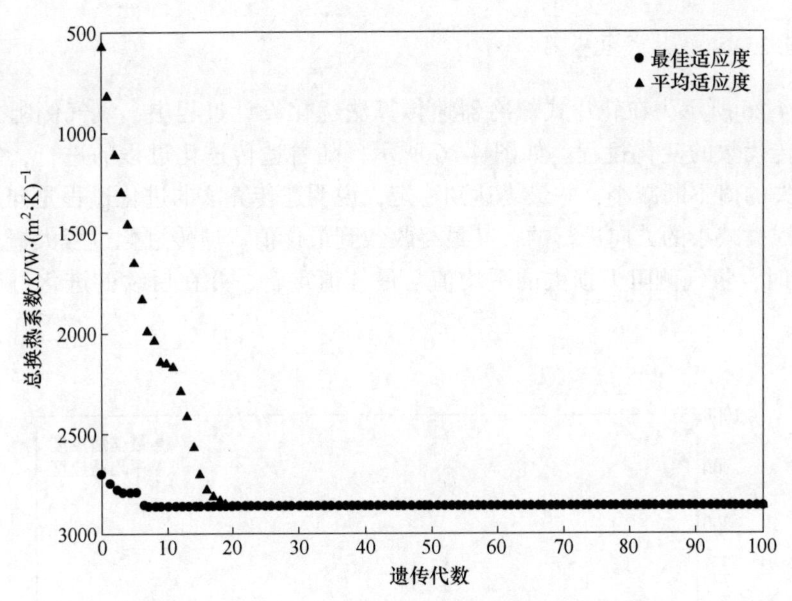

图 4-25 穿片式氢冷器总换热系数随遗传代数的变化

表 4-8 为使得总换热系数 K 达到最大时，对应的穿片式氢冷器的结构参数和各项性能指标值。从表 4-8 中可见，优化得到的最大总换热系数为 2868.6W/(m^2·K)，与优化前的初始总换热系数相比增大了 41.8%。对比穿片式与轧片式和绕片式的优化结果可以发现，穿片式优化得到的总换热系数最大，提升的幅度也最大。

表 4-8 穿片式氢冷器的总换热系数优化结果

参数	N_t	n_t	P_l	P_t	d_o	n_f	P_f	K
单位	排	根	mm	mm	mm	个	mm	W/(m^2·K)
原始	10	28	36	28.6	19	1348	3.2	2022.3
优化	6	12	60	66.7	29	1726	2.5	2868.6
参数	ΔP_o	ΔP_i	W_p	M	C_{ini}	C_{op}	C	布置
单位	Pa	kPa	kW	kg	万元	万元	万元	—
原始	593.7	29.6	33.5	1839.9	16.6	81.0	97.6	叉排
优化	212.3	49.1	14.3	1805.8	16.3	34.5	50.8	顺排

4.5.2 氢气侧阻力损失优化结果

在氢冷器遗传算法优化设计过程中，当以氢气侧阻力损失为优化目标时，则遗传算法中的适应度函数即为氢气侧阻力损失的值。能够使得氢冷器的氢气侧阻力损失达到最小值的设计变量组合即为优化设计结果。

4.5.2.1　轧片式氢冷器

图 4-26 所示为在轧片式氢冷器遗传算法优化设计过程中，氢气侧阻力损失随着遗传代数的变化过程。如图 4-26 所示，随着遗传进化过程的进行，氢气侧阻力损失的值不断减小，并最终达到稳定，说明遗传算法的进化过程是向着氢气侧阻力损失减小的方向进行的，其最终收敛到最优值。遗传进化过程大概进行到 20 多代时，氢气侧阻力损失的平均值与最佳值重合，并在后续的进化过程中保持稳定。

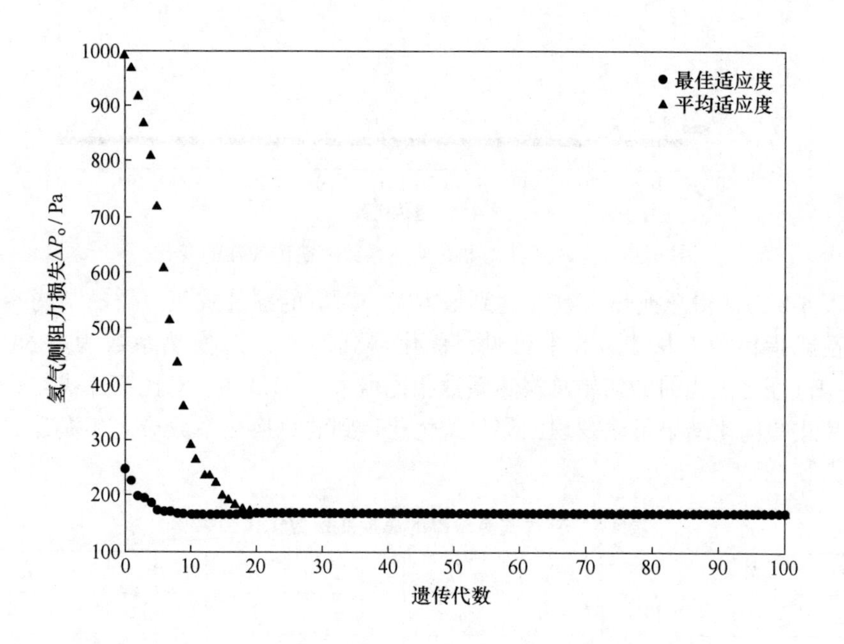

图 4-26　轧片式氢冷器氢气侧阻力损失随遗传代数的变化

表 4-9 为氢气侧阻力损失 ΔP_o 达到最小时，对应的轧片式氢冷器的结构参数和各项性能指标值。从表 4-9 中可见，优化得到的最小氢气侧阻力损失为 166.6Pa，与优化前的初始值相比减小了 72.3%，且优化后的轧片式氢冷器换热管由叉排布置变为了顺排布置。管排数和每排管数分别减小为 6 排和 12 根，致使排间距和管间距均增大，因为当换热管布置越稀疏越则越有利于氢气流通，从而使得气侧的阻力损失越小。换热管管径的增加主要是为减小水侧的阻力损失。翅片高度减小到 5mm，翅片节距增大到 4mm，使得翅片数也相应减少，这些都使得换热管对氢气的阻挡作用减小，从而有利于氢气侧阻力损失的降低。

表 4-9 轧片式氢冷器的氢气侧阻力损失优化结果

参数	N_t	n_t	P_l	P_t	d_o	H_f	d_f	n_f	P_f
单位	排	根	mm	mm	mm	mm	mm	个	mm
原始	8	22	45	36.4	19	7.1	34	1726	2.5
优化	6	12	60	66.7	29	5	39.8	1079	4
参数	K	ΔP_o	ΔP_i	W_p	M	C_{ini}	C_{op}	C	布置
单位	W/(m^2·K)	Pa	kPa	kW	kg	万元	万元	万元	—
原始	1796.7	601.4	69.7	36.4	1196.7	12.5	87.8	100.3	叉排
优化	880.9	166.6	49.1	11.8	497.4	5.2	28.6	33.8	顺排

由表 4-9 中数据可见，随着氢气侧阻力损失的大幅减小，总换热系数也大幅减小，与初始值相比减小了 51.0%。这是因为换热管布置更加稀疏以及减少换热管对氢气的阻挡等结构措施都不利于换热。由于氢气侧和水侧的阻力都相应减小，尤其是氢气侧的阻力，使得总的泵功减小了 67.6%，而总泵功的减小也直接使得运行成本降低了 67.4%。由于换热管数量减少、翅片高度减小以及翅片数减小等原因，优化后氢冷器的质量减小了 58.4%，而质量的减小也直接使得初投资成本降低了 58.4%。初投资成本和运行成本均降低，使得优化后的总成本比初始值降低了 66.3%，也使得优化后氢冷器的经济性更好。

4.5.2.2 绕片式氢冷器

图 4-27 所示为在绕片式氢冷器遗传算法优化设计过程中，氢气侧阻力损失

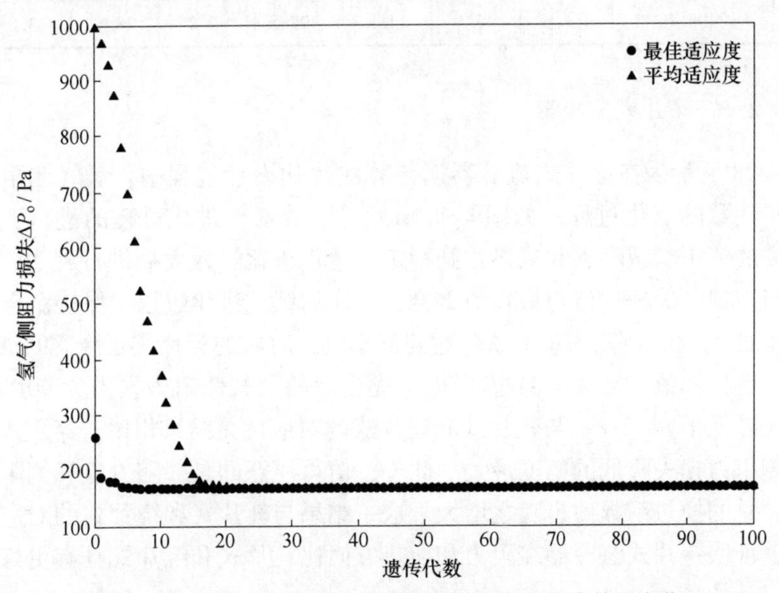

图 4-27 绕片式氢冷器氢气侧阻力损失随遗传代数的变化

随着遗传代数的变化过程。如图4-27所示，随着遗传进化过程的进行，氢气侧阻力损失的值不断减小，并最终达到稳定。遗传进化过程大概进行到20多代时，氢气侧阻力损失的平均值与最佳值重合，并在后续的进化过程中保持稳定。

表4-10为氢气侧阻力损失ΔP_o达到最小时，对应的绕片式氢冷器的结构参数和各项性能指标值。从表4-10中可见，其最终优化结果与轧片式的优化结果基本相同。但需要注意的是，随着氢气侧阻力损失的大幅减小，总换热系数也大幅减小，与初始值相比减小了73.0%。对比轧片式的相应优化结果发现，绕片式的总换热系数的降低幅度更大。而在表4-7中，同等情况下绕片式的总换热系数的增加幅度也更大。综合以上情况可见，绕片式氢冷器的结构参数的变化对换热效果的影响等大，也更为灵敏，这既表明绕片式氢冷器的优化潜力更大，同时也对优化设计的精确性提出了更高要求。

表4-10 绕片式氢冷器的氢气侧阻力损失优化结果

参数	N_t	n_t	P_l	P_t	d_o	H_f	d_f	n_f	P_f
单位	排	根	mm	mm	mm	mm	mm	个	mm
原始	8	22	45	36.4	19	7.1	34	1726	2.5
优化	6	12	60	66.7	29	5	39.8	1079	4
参数	K	ΔP_o	ΔP_i	W_p	M	C_{ini}	C_{op}	C	布置
单位	W/(m^2·K)	Pa	kPa	kW	kg	万元	万元	万元	—
原始	1844.2	601.5	69.7	36.4	1197.1	12.9	87.8	100.7	叉排
优化	498.4	166.6	49.1	11.8	497.5	5.2	28.6	33.8	顺排

4.5.2.3 穿片式氢冷器

图4-28所示为在穿片式氢冷器遗传算法优化设计过程中，氢气侧阻力损失随着遗传代数的变化过程。如图4-28所示，随着遗传进化过程的进行，氢气侧阻力损失的值不断减小，并最终达到稳定。遗传进化过程大概进行到20多代时，氢气侧阻力损失的平均值与最佳值重合，并在后续的进化过程中保持稳定。

表4-11为氢气侧阻力损失ΔP_o达到最小时，对应的穿片式氢冷器的结构参数和各项性能指标值。从表4-11中可见，优化后的氢气侧阻力损失为90Pa，与优化前相比降低了88.2%。与轧片式和绕片式的对应优化结果相比，穿片式氢冷器的氢气侧阻力损失降低的幅度最大。此外，值得注意的是，随着氢气侧阻力损失的降低，总的换热系数值也随之增大。这一结果与轧片式和绕片式的对应结果正好相反，证明穿片式氢冷器在阻力和换热方面比轧片式和绕片式具有更好的性能和优化设计的潜力。

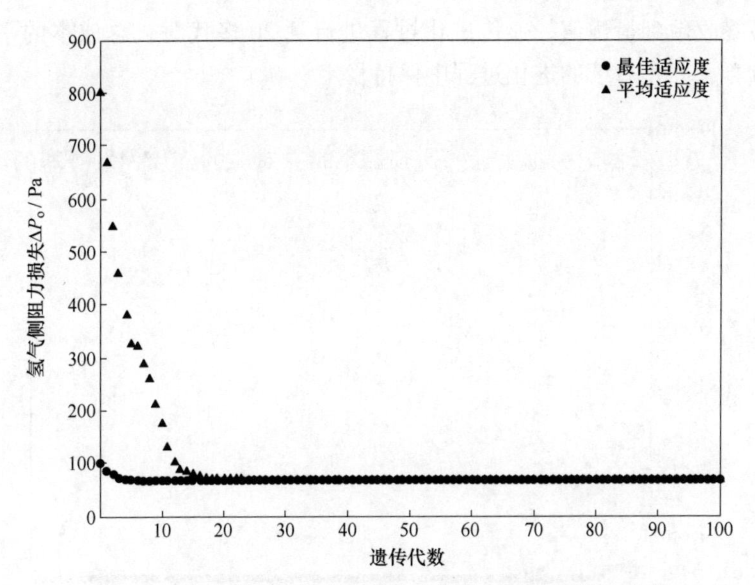

图 4-28 穿片式氢冷器氢气侧阻力损失随遗传代数的变化

表 4-11 穿片式氢冷器的氢气侧阻力损失优化结果

参数	N_t	n_t	P_l	P_t	d_o	n_f	P_f	K
单位	排	根	mm	mm	mm	个	mm	W/(m^2 · K)
原始	10	28	36	28.6	19	1348	3.2	2022.3
优化	14	12	25.7	66.7	21	959	4.5	2511.1
参数	ΔP_o	ΔP_i	W_p	M	C_{ini}	C_{op}	C	布置
单位	Pa	kPa	kW	kg	万元	万元	万元	—
原始	593.7	29.6	33.5	1839.9	16.6	81.0	97.6	叉排
优化	90.0	46.5	6.5	1348.8	12.2	15.8	27.9	顺排

4.5.3 总成本优化结果

在氢冷器遗传算法优化设计过程中，当以总成本为优化目标时，则遗传算法中的适应度函数即为总成本的值。能够使得氢冷器的总成本达到最小值的设计变量组合即为优化设计结果。

4.5.3.1 轧片式氢冷器

图 4-29 所示为在轧片式氢冷器遗传算法优化设计过程中，总成本随着遗传代数的变化过程。如图 4-29 所示，随着遗传进化过程的进行，总成本的值不断减小，并最终达到稳定，说明遗传算法的进化过程是向着总成本减小的方向进行

的，其最终收敛到最优值。遗传进化过程进行到 20 多代时，总成本的平均值与最佳值重合，并在后续的进化过程中保持稳定。

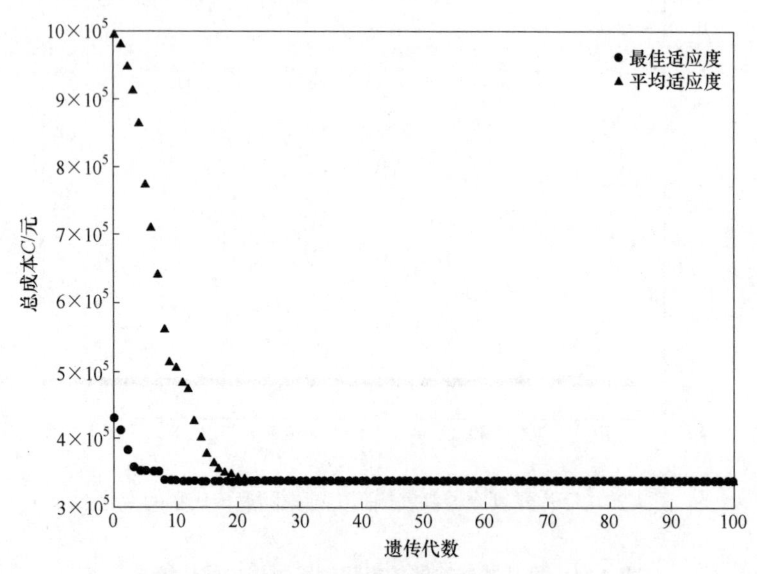

图 4-29　轧片式氢冷器总成本随遗传代数的变化

表 4-12 为总成本 C 达到最小时，对应的轧片式氢冷器的结构参数和各项性能指标值。从表 4-12 中可见，优化所得的结果与以氢气侧阻力损失为优化目标的结果相同。这是因为总成本由初投资成本和运行成本两部分组成，而初投资成本取决于质量，运行成本取决于总泵功。总泵功取决于氢气侧阻力损失和水侧阻力损失，但氢气侧阻力损失的影响更大，因此当氢气侧阻力损失达到最小值时，总泵功也基本达到了最小值，从而使运行成本最小。而氢气侧阻力损失达到最小时，如上文分析，换热管排布比较稀疏，因此质量也会减小。综上，氢气侧阻力损失达到最小时，总成本也达到了最小值。

表 4-12　轧片式氢冷器的总成本优化结果

参数	N_t	n_t	P_l	P_t	d_o	H_f	d_f	n_f	P_f
单位	排	根	mm	mm	mm	mm	mm	个	mm
原始	8	22	45	36. 4	19	7. 1	34	1726	2. 5
优化	6	12	60	66. 7	29	5	39. 8	1079	4
参数	K	ΔP_o	ΔP_i	W_p	M	C_{ini}	C_{op}	C	布置
单位	W/（m^2·K）	Pa	kPa	kW	kg	万元	万元	万元	—
原始	1796. 7	601. 4	69. 7	36. 4	1196. 7	12. 5	87. 8	100. 3	叉排
优化	880. 9	166. 6	49. 1	11. 8	497. 4	5. 2	28. 6	33. 8	顺排

4.5.3.2 绕片式氢冷器

图4-30所示为在绕片式氢冷器遗传算法优化设计过程中，总成本随着遗传代数的变化过程。如图4-30所示，随着遗传进化过程的进行，总成本的值不断减小，并最终达到稳定。遗传进化过程大概进行到20多代时，总成本的平均值与最佳值重合，并在后续的进化过程中保持稳定。

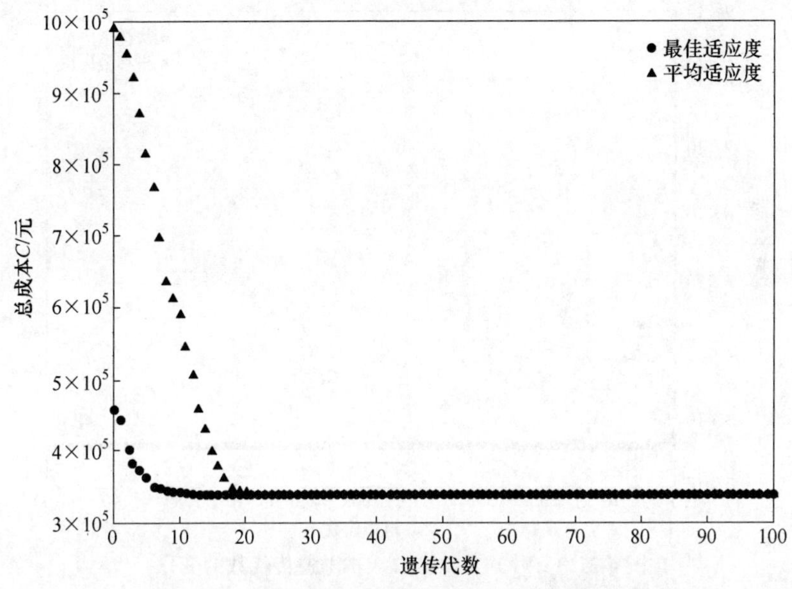

图4-30 绕片式氢冷器总成本随遗传代数的变化

表4-13为总成本C达到最小时，对应的绕片式氢冷器的结构参数和各项性能指标值。从表4-13中可见，优化所得的结果与以氢气侧阻力损失为优化目标的结果相同。

表4-13 绕片式氢冷器的总成本优化结果

参数	N_t	n_t	P_l	P_t	d_o	H_f	d_f	n_f	P_f
单位	排	根	mm	Mm	mm	mm	mm	个	mm
原始	8	22	45	36.4	19	7.1	34	1726	2.5
优化	6	12	60	66.7	29	5	39.8	1079	4
参数	K	ΔP_o	ΔP_i	W_p	M	C_{ini}	C_{op}	C	布置
单位	W/(m²·K)	Pa	kPa	kW	kg	万元	万元	万元	—
原始	1844.2	601.5	69.7	36.4	1197.1	12.9	87.8	100.7	叉排
优化	498.4	166.6	49.1	11.8	497.5	5.2	28.6	33.8	顺排

4.5.3.3 穿片式氢冷器

图 4-31 所示为在穿片式氢冷器遗传算法优化设计过程中，总成本随着遗传代数的变化过程。如图 4-31 所示，随着遗传进化过程的进行，总成本的值不断减小，并最终达到稳定。遗传进化过程大概进行到 20 代时，总成本的平均值与最佳值重合，并在后续的进化过程中保持稳定。

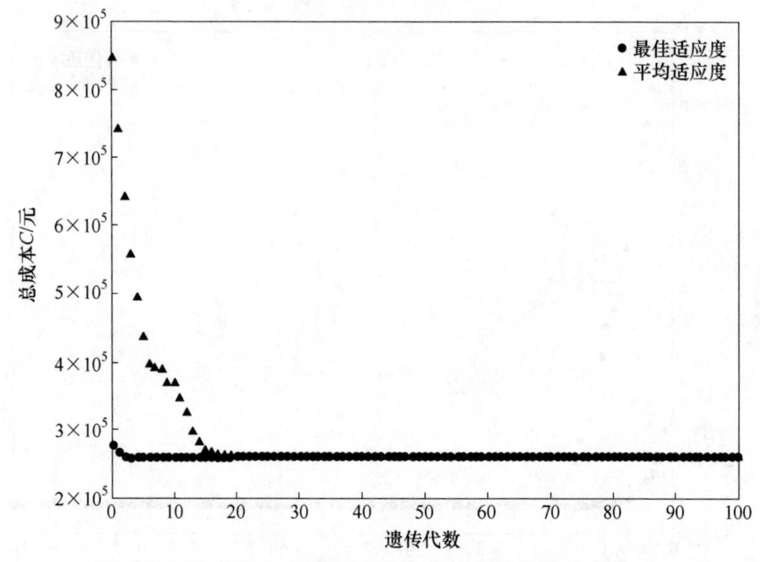

图 4-31 穿片式氢冷器总成本随遗传代数的变化

表 4-14 为总成本 C 达到最小时，对应的穿片式氢冷器的结构参数和各项性能指标值。从表 4-14 中可见，最优的总成本为 26.1 万元，与优化前相比降低了 73.3%。这是由于氢气侧和水侧的阻力损失均有大幅降低，导致总泵功大幅降低，同时质量减小也使得初投资成本减小。

表 4-14 穿片式氢冷器的总成本优化结果

参数	N_t	n_t	P_l	P_t	d_o	n_f	P_f	K
单位	排	根	mm	Mm	mm	个	mm	$W/(m^2 \cdot K)$
原始	10	28	36	28.6	19	1348	3.2	2022.3
优化	14	12	25.7	66.7	24	959	4.5	2240.3
参数	ΔP_o	ΔP_i	W_p	M	C_{ini}	C_{op}	C	布置
单位	Pa	kPa	kW	kg	万元	万元	万元	—
原始	593.7	29.6	33.5	1839.9	16.6	81.0	97.6	叉排
优化	79.2	24.4	5.7	1371.3	12.4	13.8	26.1	顺排

4.5.4 多目标优化结果

当以多个参数作为优化目标时，通常不存在使得所有优化目标同时达到最优的单一结果，因为各个参数之间都存在相互影响和制约的关系。因此，多目标优化的结果是一系列的值，这些值分别对应各个优化目标的不同取值的组合，而最终的最优值只需要根据实际问题的情况从这些可能解中进行选取即可。本节中共设定三个优化目标，分别为总换热系数 K、氢气侧阻力损失 ΔP_o和水侧阻力损失 ΔP_i。优化中为提高换热系数和简化计算，不进行换热管布置形式的优化，均采用叉排布置形式（采用顺排布置形式时优化方法相同）。

4.5.4.1 轧片式氢冷器优化结果

为展示遗传算法多目标优化结果，本书采用帕累托图（Pareto front）来表示最优化目标参数的分布情况。Pareto 图用来表示多目标优化问题中依据 Pareto 最优化原理所得到的所有有效解的分布，是多目标优化问题中常用的表示方法。

图 4-32~图 4-34 所示为轧片式氢冷器遗传算法多目标优化设计结果数值的分布。从图 4-32~图 4-34 中可以清楚地看到总换热系数 K、氢气侧阻力损失 ΔP_o和水侧阻力损失 ΔP_i三者在解空间的分布情况和相互的变化关系。

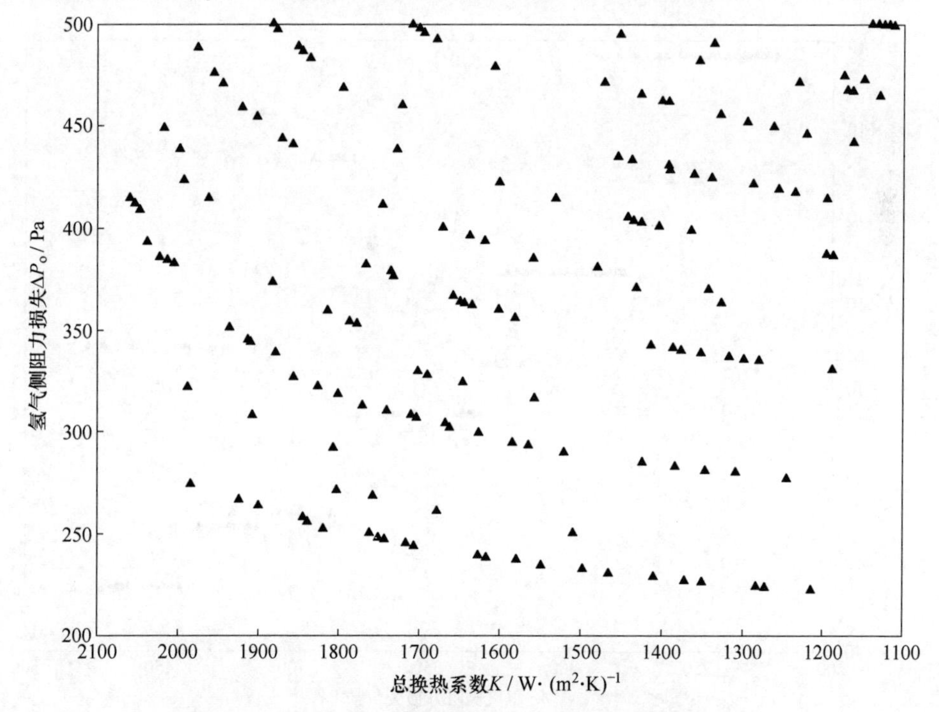

图 4-32 轧片式氢冷器多目标优化结果分布图（K 和 ΔP_o）

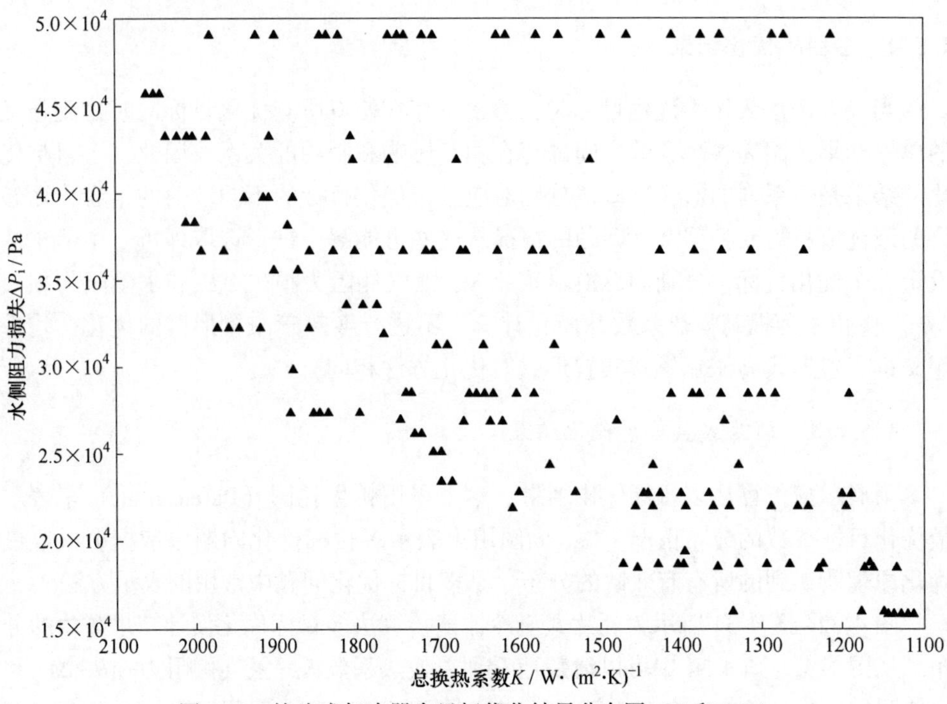

图 4-33 轧片式氢冷器多目标优化结果分布图（K 和 ΔP_i）

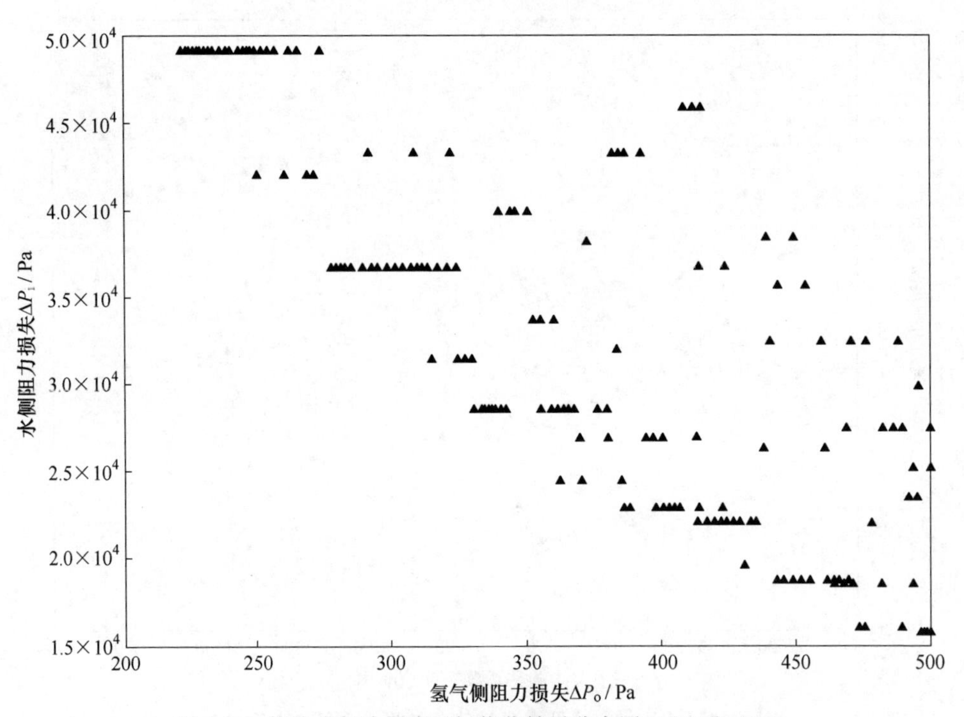

图 4-34 轧片式氢冷器多目标优化结果分布图（ΔP_o和 ΔP_i）

当遗传算法初始种群数取500时，一共可以得到175组优化解，详细列表见附录B。最终的最优解就可以在这些数据中进行选择，例如，优化前的总换热系数为1796.7W/(m^2·K)，因此可以选择总换热系数大于1800W/(m^2·K)的解。优化前氢气侧和水侧的阻力损失分别为601.4Pa和69.7kPa，因此可以选择优化后氢气侧和水侧阻力分别小于400Pa和40kPa的解。根据以上条件进行选择，最终符合条件的解共有9组，见表4-15。当然，为了更加凸显某项性能也可单就某项指标来进行筛选。

表4-15 轧片式氢冷器的多目标优化筛选结果

序号	N_t	n_t	d_o	P_f	H_f	K	ΔP_o	ΔP_i	W_p	M	C_{ini}	C_{op}	C
	排	根	mm	mm	mm	W/(m^2·K)	Pa	kPa	kW	kg	万元	万元	万元
1	8	12	27	2	13	1938.1	350.9	39.8	21.2	1656.8	17.3	51.1	68.4
2	8	12	27	2	12.2	1913.5	345.4	39.8	20.9	1558.7	16.3	50.4	66.7
3	8	12	27	2	12.1	1910.2	344.7	39.8	20.8	1546.6	16.2	50.3	66.5
4	9	12	26	2.1	12.4	1883.7	373.0	38.1	22.2	1669.8	17.4	53.7	71.2
5	8	12	27	2.1	11.9	1877.9	339.6	39.8	20.6	1470.5	15.4	49.6	65.0
6	7	12	29	2.2	12.3	1856.6	326.6	36.7	19.7	1357.0	14.2	47.5	61.7
7	7	12	29	2.3	12.1	1826.8	322.1	36.7	19.4	1296.6	13.5	46.9	60.5
8	8	12	28	2.3	12.3	1814.4	360.2	33.6	21.3	1462.6	15.3	51.4	66.7
9	7	12	29	2.4	12	1800.9	318.6	36.7	19.2	1250.4	13.1	46.5	59.5

4.5.4.2 绕片式氢冷器优化结果

图4-35所示为绕片式氢冷器遗传算法多目标优化设计结果数值的总换热系数K和氢气侧阻力损失ΔP_o的分布。从图4-35中可见，绕片式氢冷器优化得到的结果中，总换热系数的分布范围为400~2400W/(m^2·K)，比轧片式的变化范围更大，说明绕片式氢冷器比轧片式的可优化范围更大，可优化潜力也更大。绕片式氢冷器的所有优化解及对应的性能参数同样也为175组，除此之外，绕片式氢冷器的其他优化结果与轧片式类似，不再赘述。

4.5.4.3 穿片式氢冷器优化结果

图4-36所示为穿片式氢冷器遗传算法多目标优化设计结果的总换热系数K和氢气侧阻力损失ΔP_o的分布。从图4-36中可见，绕片式氢冷器优化得到的结果中，总换热系数的分布范围为500~3000W/(m^2·K)，比轧片式和绕片式的变化范围更大，说明穿片式氢冷器的可优化范围更大，可优化潜力也更大，优化后的性能相对好。穿片式氢冷器多目标优化同样得到175组优化解，由于篇幅限制本

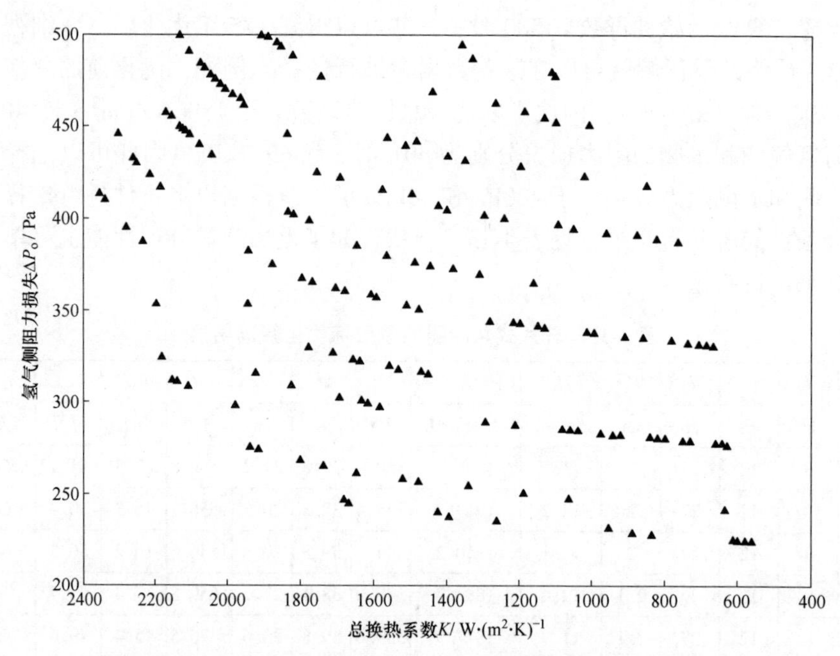

图 4-35　绕片式氢冷器多目标优化结果分布图（K 和 ΔP_o）

书不再赘述。在制冷通风领域的工程实践中，穿片式冷却器结构紧凑且换热性能较好，多应用于空调机组的换热器。

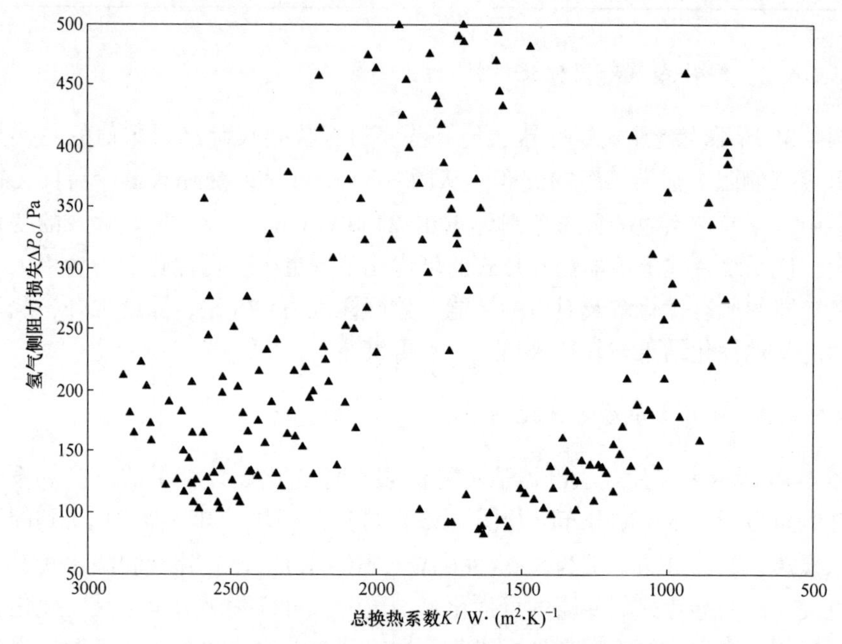

图 4-36　穿片式氢冷器多目标优化结果分布图（K 和 ΔP_o）

附　　录

附录 A　风机盘管换热器原始计算程序

```
% Fitness function for the GA in the optimization of a plain fin and tube
% heat exchanger using the entransy dissipation
function[E1] = fitness(x)
% design variables
Nt = x(1);% number of tube rows;
nt = x(2);% number of tubes in row;
do = x(3);% tube outside diameter, m
dt = x(4);% transverse tube pitch, m
dl = x(5);% longitudinal tube pitch, m
nf = x(6);% number of fins
df = x(7);% fin pitch, m
thickf = x(8);% fin thickness, m
ta2 = x(9);% outlet air temperature, ℃

% known variables
tw1 = 95;% inlet water temperature, ℃
tw2 = 70;% outlet water temperature, ℃
mw = 10;% water mass flow rate, kg/s
ta1 = 30;% inlet air temperature, ℃

%physical properties and other known parameters
twm = (tw1+tw2)/2;% water mean temperature, ℃
tam = (ta1+ta2)/2;% air mean temperature, ℃
tbm = (twm+tam)/2;% tube wall mean temperature, ℃
[cpw, rw, miuw, kw, Prw] = waterproperties(twm);% physical properties of water
[cpw1, rw1, miuw1, kw1, Prw1] = waterproperties(tw1);
[cpw2, rw2, miuw2, kw2, Prw2] = waterproperties(tw2);
```

```
[cpa,ra,miua,ka,Pra]=airproperties(tam);% physical properties of air
[cpa1,ra1,miua1,ka1,Pra1]=airproperties(ta1);
[cpa2,ra2,miua2,ka2,Pra2]=airproperties(ta2);
[cpwb,rwb,miuwb,kwb,Prwb] = waterproperties(tbm);% physical properties of water under tube wall temperature

kf=237;% fin thermal conductivity,assume the fin is made of pure aluminium,W/(m K)
rf=2702;% fin density,kg/m3,assume the fin is made of pure aluminium
thickt=0.005;% tube thickness,m
Np=1;% number of tube passes
ita=0.9;% overall pumping efficiency
rt=7833;% tube density,kg/m3,assume the tube is made of steel 0.5% C

%%% calculate U %%%
%calculate ma
Qw=mw*cpw*(tw1-tw2);% Qw,water side heat transfer rate,W
Qa1=Qw;% assume

for i=1:10000
    ma=Qa1/(cpa*(ta2-ta1));% air mass flow rate,kg/s

    %calculate ha
    dc=do+2*thickf;
    W=Nt*dl;% heat exchanger width,m
    L=nf*df;% heat exchanger lenght,m
    Amin=nt*(dt-dc)*(L-thickf*nf);% minimum flow area,m2
    H=nt*dt;% heat exchanger height,m
    Af=nf*(H*W-nt*Nt*pi*(do/2)^2);% fin surface area,m2
    Ab=Nt*nt*pi*do*(L-thickf*nf);% tube base surface area,m2
    Ao=Af+Ab;% total surface area,m2
    dh=(4*Amin*W)/Ao;% hydraulic diameter,m
    vmax=ma/(Amin*ra);%maximum velocity inside the heat exchanger,m/s
    Redc=ra*vmax*dc/miua;% reynolds number based on tube collar diameter
    P1=1.9-0.23*log(Redc);
    P2=-0.236+0.126*log(Redc);
    P3=-0.361-0.042*Nt/log(Redc)+0.158*log(Nt*(df/dc)^0.41);
```

```
P4=-1.224-(0.076*(dl/dh)^1.42)/log(Redc);
P5=-0.083+0.058*Nt/log(Redc);
P6=-5.735+1.21*log(Redc/Nt);
if Nt==1
    ja=0.108*Redc^(-0.29)*(dt/dl)^P1*(df/dc)^(-1.084)*(df/dh)^(-0.786)*
(df/dt)^P2;% air side Colburn factor
else
    ja=0.086*Redc^P3*Nt^P4*(df/dc)^P5*(df/dh)^P6*(df/dt)^(-0.93);
end
ha=ja*ra*vmax*cpa*Pra^(-2/3);

%calculate itao
m=(2*ha/(kf*thickf))^0.5;
r=dc/2;% Radius of tube (including collar fin thickness),m
XL=((dt/2)^2+dl^2)^0.5;
XM=dt/2;
Reqr=1.27*XM/r*(XL/XM-0.3)^0.5;
fi=(Reqr-1)*(1+0.35*log(Reqr));
itaf=tanh(m*r*fi)/(m*r*fi);% fin efficiency
itao=1-(Af/Ao)*(1-itaf);% the surface efficiency

%calculate hw
di=do-2*thickt;% inside tube diameter,m
vw=4*mw*Np/(Nt*nt*rw*pi*di^2);% water flow rate,m/s
Redi=rw*vw*di/miuw;
fi2=(1.58*log(Redi)-3.28)^(-2);
hw=(kw/di)*((Redi-1000)*Prw*(fi2/2))/(1+12.7*(fi2/2)^0.5*(Prw^(2/3)-
1));% tube side heat transfer cofficient

%calculate U
Ai=Nt*nt*L*pi*di;% tube side area,m2
U=(1/(itao*ha)+Ao/(Ai*hw))^(-1);% overall heat transfer coefficient,w/(m K)

%%% calculate A %%%
%calculate deltatm
a=((tw1-tw2)^2+(ta2-ta1)^2)^0.5;
```

```
        b=((tw1-tw2)/1.7+(ta2-ta1)/2)^17;
        deltatm=a/(1.7*log((a+b)/(b-a)));% mean temperature difference
        Q1=(Qa1+Qw)/2;
        A=Q1/(U*deltatm);% heat transfer area,m2

        %%% calculate NTU and ipqil %%%
        Cmin=min(ma*cpa,mw*cpw);
        NTU=U*A/Cmin;% number of transfer units
        Cmax=max(ma*cpa,mw*cpw);
        C=Cmin/Cmax;
        ipqil=1-exp(NTU^0.22/C*(exp(-C*NTU^0.78)-1));% heat transfer effectiveness

        %%% iteration Qa %%%
        Qmax=Cmin*(tw1-ta1);
        Q=Qmax*ipqil;
        Qa=2*Q-Qw;
        if abs(Qa-Qa1)/Qa>0.01
            Qa1=Qa;
            I=i;% total runing time for obtain ma
        else
            break
        end
    end

    %%% calculate deltaPa %%%
    Gc=ma/Amin;% mass flux of air based on minimum flow area
    F1=-0.764+0.739*dt/dl+0.177*df/dc-0.00758/Nt;
    F2=-15.689+64.021/log(Redc);
    F3=1.696-15.695/log(Redc);
    fa=0.0267*Redc^F1*(dt/dl)^F2*(df/dc)^F3;% air side friction factor
    Afr=L*H;% frontal area,m2
    xigma=Amin/Afr;% minimum to frontal area
    deltaPa=Gc/(2*ra1)*(fa*(Ao/Amin)*(ra1/ra)+(1+xigma^2)*(ra1/ra2-1));% air side pressure drop,Pa

    %%% calculate deltaPw %%%
```

```
if Redi<1000
    fl=67.63*Redi^(-0.9873);% coefficient of friction inside the tube
elseif Redi>100000
    fl=0.2864*Redi^(-0.2258);
else
    fl=0.4513*Redi^(-0.2653);
end

if Redi<2100
    fiw=(miuw/miuwb)^(-0.25);%viscosity correction factor
else
    fiw=(miuw/miuwb)^(-0.14);
end

deltaPl=fl*(Np*L/di)*(rw*vw^2/2)*fiw;% straight pipe section pressure drop,Pa
deltaPr=4*Np*rw*vw^2/2;% bend section pressure drop,Pa
deltaPN=1.5*rw*vw^2/2;% headers pressure drop,Pa
deltaPw=deltaPl+deltaPr+deltaPN;% water side pressure drop,Pa

%%% calculate the entransy dissipation numbers %%%
Tw1=273.15+tw1;
Tw2=273.15+tw2;
Ta1=273.15+ta1;
Ta2=273.15+ta2;
ET=mw*cpw/2*(Tw1^2-Tw2^2)+ma*cpa/2*(Ta1^2-Ta2^2);% entransy dissipation due to heat conduction
EP=mw*deltaPw/rw*(Tw2-Tw1)/(log(Tw2)-log(Tw1))+ma*deltaPa/ra*(Ta2-Ta1)/(log(Ta2)-log(Ta1));% entransy dissipation due to fluid friction
E=ET+EP;% total entransy dissipation of the heat exchanger
ET1=ET/(Q*(Tw1-Ta1));% entransy dissipation number due to heat conduction
EP1=EP/(Q*(Tw1-Ta1));% entransy dissipation number due to fluid friction
E1=E/(Q*(Tw1-Ta1));% entransy dissipation number of the heat exchanger

%%% calculate pumping power and material consumption
P=1/ita*(ma*deltaPa/ra+mw*deltaPw/rw);% pumping power,W
Mt=rt*pi*(di+do)/2*thickt*L*Nt*nt;% total weight of tubes,kg
```

```
Mf=rf* Af* thickf;% total weight of fins,kg
M=Mt+Mf;% total weight of the heat exchanger,kg

%%% constraint conditions %%%
```

附录 B 轧片式氢冷器的多目标优化结果

序号	N_t	n_t	d_o	P_f	H_f	K	ΔP_o	ΔP_i	W_p	M	C_{ini}	C_{op}	C
	排	根	mm	mm	mm	W/(m^2·K)	Pa	kPa	kW	kg	万元	万元	万元
1	7	14	26	2	15	2059.0	415.4	45.8	25.0	1903.0	19.9	60.3	80.2
2	7	14	26	2	14.7	2052.3	412.0	45.8	24.8	1862.9	19.5	59.9	79.3
3	7	14	26	2	14.4	2045.2	408.6	45.8	24.6	1823.3	19.1	59.4	78.5
4	7	14	26	2	14.4	2045.2	408.6	45.8	24.6	1823.3	19.1	59.4	78.5
5	6	14	28	2	14.1	2037.7	393.0	43.2	23.6	1614.8	16.9	57.0	73.9
6	6	14	28	2	13.5	2022.3	386.1	43.2	23.2	1546.3	16.2	56.1	72.3
7	7	14	27	2	14.5	2015.9	449.4	38.3	26.3	1887.3	19.7	63.6	83.3
8	7	14	27	2	14.5	2015.9	449.4	38.3	26.3	1887.3	19.7	63.6	83.3
9	6	14	28	2.1	14	2008.4	384.3	43.2	23.1	1545.4	16.1	55.9	72.1
10	6	14	28	2.1	13.8	2003.3	382.2	43.2	23.0	1523.5	15.9	55.6	71.6
11	7	14	27	2	13.7	1996.6	439.3	38.3	25.8	1781.5	18.6	62.3	80.9
12	6	14	29	2	13.4	1992.4	423.7	36.7	24.9	1576.4	16.5	60.1	76.5
13	7	12	28	2	14.1	1986.6	322.4	43.2	19.8	1614.8	16.9	47.9	64.8
14	6	12	29	2	13	1983.5	274.2	49.1	17.6	1312.2	13.7	42.5	56.2
15	6	12	29	2	13	1983.5	274.2	49.1	17.6	1312.2	13.7	42.5	56.2
16	7	14	28	2	14.1	1975.8	488.2	32.3	28.1	1883.9	19.7	67.8	87.5
17	7	14	28	2	14.1	1975.8	488.2	32.3	28.1	1883.9	19.7	67.8	87.5
18	6	14	29	2.1	13.3	1963.6	414.4	36.7	24.4	1509.5	15.8	58.9	74.6
19	7	14	28	2	13.3	1956.2	476.8	32.3	27.4	1777.7	18.6	66.3	84.9
20	7	14	28	2	12.9	1945.5	471.3	32.3	27.2	1725.7	18.0	65.6	83.6
21	8	12	27	2	13	1938.1	350.9	39.8	21.2	1656.8	17.3	51.1	68.4
22	6	12	29	2.2	12.8	1924.0	266.6	49.1	17.2	1206.4	12.6	41.5	54.1
23	7	14	28	2	12	1919.2	459.2	32.3	26.5	1611.6	16.8	64.0	80.9
24	8	12	27	2	12.2	1913.5	345.4	39.8	20.9	1558.7	16.3	50.4	66.7
25	8	12	27	2	12.1	1910.2	344.7	39.8	20.8	1546.6	16.2	50.3	66.5
26	7	12	28	2.2	13.1	1907.6	308.4	43.2	19.1	1399.9	14.6	46.1	60.7
27	8	14	26	2.1	12	1902.1	453.9	35.6	26.4	1679.0	17.5	63.8	81.4
28	6	12	29	2.3	12.8	1899.0	263.7	49.1	17.0	1169.2	12.2	41.2	53.4
29	9	12	26	2.1	12.4	1883.7	373.0	38.1	22.2	1669.8	17.4	53.7	71.2

续附录 B

序号	N_t	n_t	d_o	P_f	H_f	K	ΔP_o	ΔP_i	W_p	M	C_{ini}	C_{op}	C
	排	根	mm	mm	mm	W/(m^2·K)	Pa	kPa	kW	kg	万元	万元	万元
30	7	14	29	2	11.7	1881.9	500.0	27.5	28.4	1618.6	16.9	68.6	85.5
31	7	14	29	2	11.7	1881.9	500.0	27.5	28.4	1618.6	16.9	68.6	85.5
32	8	12	27	2.1	11.9	1877.9	339.6	39.8	20.6	1470.5	15.4	49.6	65.0
33	8	14	27	2	11.4	1876.8	495.6	29.8	28.3	1707.5	17.8	68.4	86.2
34	8	14	27	2	11.4	1876.8	495.6	29.8	28.3	1707.5	17.8	68.4	86.2
35	8	14	26	2.1	11.1	1871.4	443.9	35.6	25.9	1563.6	16.3	62.5	78.9
36	8	14	26	2.1	11.1	1871.4	443.9	35.6	25.9	1563.6	16.3	62.5	78.9
37	7	14	28	2.2	11.6	1857.1	441.0	32.3	25.5	1461.0	15.3	61.7	76.9
38	7	12	29	2.2	12.3	1856.6	326.6	36.7	19.7	1357.0	14.2	47.5	61.7
39	7	14	29	2.1	11.5	1851.2	489.2	27.5	27.8	1540.0	16.1	67.2	83.3
40	6	12	29	2.5	12.6	1845.6	258.0	49.1	16.7	1088.0	11.4	40.4	51.8
41	7	14	29	2.1	11.3	1844.7	486.4	27.5	27.7	1516.3	15.8	66.8	82.7
42	6	12	29	2.1	9.9	1838.9	254.6	49.1	16.6	996.0	10.4	40.0	50.4
43	7	14	29	2.1	11	1834.4	482.4	27.5	27.5	1481.2	15.5	66.3	81.8
44	7	12	29	2.3	12.1	1826.8	322.1	36.7	19.4	1296.6	13.5	46.9	60.5
45	6	12	29	2	9	1819.6	252.3	49.1	16.4	952.5	10.0	39.7	49.6
46	8	12	28	2.3	12.3	1814.4	360.2	33.6	21.3	1462.6	15.3	51.4	66.7
47	7	12	28	2	9.2	1806.7	291.9	43.2	18.2	1097.8	11.5	44.0	55.4
48	6	12	30	2	9.1	1803.8	271.6	42.0	17.0	988.8	10.3	41.2	51.5
49	7	12	29	2.4	12	1800.9	318.6	36.7	19.2	1250.4	13.1	46.5	59.5
50	7	14	29	2.1	10	1796.8	469.3	27.5	26.8	1366.9	14.3	64.6	78.9
51	8	12	28	2.2	10.9	1789.7	354.7	33.6	21.0	1355.6	14.2	50.7	64.9
52	8	12	28	2.3	11.1	1774.4	352.8	33.6	20.9	1336.6	14.0	50.5	64.4
53	7	12	29	2.2	10	1771.3	312.9	36.7	18.9	1136.5	11.9	45.7	57.6
54	9	12	27	2.1	10	1765.3	383.0	31.9	22.4	1420.2	14.8	54.1	69.0
55	9	12	27	2.1	10	1765.3	383.0	31.9	22.4	1420.2	14.8	54.1	69.0
56	6	12	29	2.7	11.4	1761.7	249.7	49.1	16.3	950.1	9.9	39.4	49.3
57	6	12	30	2.5	10.7	1757.2	268.7	42.0	16.9	975.0	10.2	40.8	51.0
58	6	12	29	2.6	10.5	1748.0	247.7	49.1	16.2	911.4	9.5	39.1	48.6
59	9	12	28	2.1	10.2	1745.5	412.4	26.9	23.7	1487.6	15.5	57.2	72.7
60	6	12	29	2.5	9.9	1743.3	247.0	49.1	16.1	892.0	9.3	39.0	48.3

续附录B

序号	N_t	n_t	d_o	P_f	H_f	K	ΔP_o	ΔP_i	W_p	M	C_{ini}	C_{op}	C
	排	根	mm	mm	mm	W/(m^2·K)	Pa	kPa	kW	kg	万元	万元	万元
61	7	12	29	2.5	10.9	1740.8	310.4	36.7	18.8	1122.6	11.7	45.4	57.2
62	8	12	29	2.5	12.1	1738.5	379.0	28.5	22.0	1400.3	14.6	53.1	67.7
63	8	12	29	2.3	10.7	1733.7	376.1	28.5	21.8	1333.7	13.9	52.7	66.7
64	10	12	27	2.1	10	1729.3	438.8	26.2	25.0	1578.0	16.5	60.5	77.0
65	11	12	26	2.1	9.9	1722.4	460.8	26.2	26.2	1668.9	17.4	63.3	80.8
66	6	12	29	2.7	10.3	1718.5	245.6	49.1	16.1	877.2	9.2	38.8	48.0
67	7	12	29	2.8	11.8	1711.6	308.6	36.7	18.7	1113.9	11.6	45.2	56.8
68	7	12	30	2.2	9.1	1707.1	330.4	31.4	19.6	1086.5	11.4	47.2	58.6
69	8	14	28	2.5	10.5	1707.0	499.9	25.2	28.3	1411.0	14.7	68.2	83.0
70	8	14	28	2.5	10.5	1707.0	499.9	25.2	28.3	1411.0	14.7	68.2	83.0
71	7	12	29	2.7	11	1703.6	306.9	36.7	18.6	1077.1	11.3	45.0	56.2
72	6	12	29	2.7	9.9	1701.0	244.2	49.1	16.0	851.5	8.9	38.6	47.5
73	7	14	30	2.6	10.8	1697.5	496.9	23.5	28.0	1304.5	13.6	67.6	81.3
74	7	14	30	2.6	10.8	1697.5	496.9	23.5	28.0	1304.5	13.6	67.6	81.3
75	8	14	28	2.4	9.6	1691.9	494.5	25.2	28.0	1349.1	14.1	67.6	81.6
76	7	12	30	2.3	9.2	1689.6	328.5	31.4	19.5	1066.2	11.1	47.0	58.1
77	7	14	30	2.7	10.8	1678.7	492.7	23.5	27.8	1274.1	13.3	67.1	80.4
78	6	12	30	2.5	8.9	1675.5	260.8	42.0	16.5	849.1	8.9	39.8	48.6
79	9	12	28	2.2	9	1670.0	400.4	26.9	23.0	1306.2	13.6	55.6	69.3
80	7	12	29	3	11.6	1667.8	304.5	36.7	18.5	1052.1	11.0	44.7	55.6
81	7	12	29	2.4	8.7	1663.8	301.4	36.7	18.3	969.2	10.1	44.3	54.4
82	8	12	29	2.7	10.9	1660.1	366.9	28.5	21.3	1222.1	12.8	51.5	64.3
83	8	12	29	2.4	9.3	1654.5	364.4	28.5	21.2	1163.0	12.2	51.2	63.4
84	7	12	30	2.6	9.6	1646.0	324.2	31.4	19.2	1022.5	10.7	46.4	57.1
85	8	12	29	2.6	10	1645.1	363.9	28.5	21.2	1170.4	12.2	51.2	63.4
86	9	12	28	2.5	9.6	1635.5	396.4	26.9	22.8	1268.9	13.3	55.1	68.4
87	8	12	29	2.5	9.3	1634.3	362.2	28.5	21.1	1134.9	11.9	50.9	62.8
88	6	12	29	3.2	10.4	1628.5	240.3	49.1	15.8	799.7	8.4	38.1	46.5
89	7	12	29	3	10.4	1625.0	299.7	36.7	18.2	968.3	10.1	44.0	54.1
90	9	12	28	2.5	9.2	1617.7	393.9	26.9	22.7	1229.3	12.8	54.8	67.7
91	6	12	29	2.7	8.2	1613.7	238.2	49.1	15.7	746.9	7.8	37.9	45.7

续附录 B

序号	N_t	n_t	d_o	P_f	H_f	K	ΔP_o	ΔP_i	W_p	M	C_{ini}	C_{op}	C
	排	根	mm	mm	mm	W/(m^2·K)	Pa	kPa	kW	kg	万元	万元	万元
92	11	12	27	2.2	8.5	1607.1	478.6	21.9	26.9	1482.5	15.5	65.0	80.5
93	11	12	27	2.2	8.5	1607.1	478.6	21.9	26.9	1482.5	15.5	65.0	80.5
94	8	12	29	2.9	10.3	1602.0	359.8	28.5	21.0	1120.9	11.7	50.6	62.3
95	9	12	29	2.3	8.5	1600.1	422.7	22.9	24.0	1256.4	13.1	57.9	71.1
96	7	12	29	2.5	7.7	1586.4	295.0	36.7	18.0	871.8	9.1	43.4	52.5
97	7	12	29	2.5	7.7	1586.4	295.0	36.7	18.0	871.8	9.1	43.4	52.5
98	8	12	29	2.6	8.6	1581.6	356.2	28.5	20.8	1049.7	11.0	50.2	61.1
99	6	12	29	3.4	10	1579.0	237.3	49.1	15.6	752.6	7.9	37.8	45.6
100	7	12	29	2.7	8	1565.5	293.7	36.7	17.9	857.6	9.0	43.3	52.2
101	8	12	30	3.3	11.6	1559.3	385.3	24.4	22.1	1168.0	12.2	53.3	65.5
102	7	12	30	2.4	7.2	1557.3	315.3	31.4	18.7	879.9	9.2	45.3	54.5
103	6	12	29	2.6	6.9	1549.5	234.5	49.1	15.5	684.5	7.2	37.4	44.5
104	9	12	29	2.7	8.6	1530.2	414.3	22.9	23.5	1156.3	12.1	56.9	68.9
105	7	12	29	2.3	6.2	1522.9	290.7	36.7	17.7	797.0	8.3	42.9	51.2
106	6	12	30	2	5.1	1511.6	250.3	42.0	15.9	676.4	7.1	38.4	45.5
107	6	12	30	2	5.1	1511.6	250.3	42.0	15.9	676.4	7.1	38.4	45.5
108	6	12	29	2.2	5.3	1498.6	232.5	49.1	15.4	639.8	6.7	37.1	43.8
109	9	12	28	3.2	8.8	1479.9	380.4	26.9	22.0	1039.4	10.9	53.1	63.9
110	10	12	29	2.3	6.8	1472.6	470.4	18.8	26.3	1203.2	12.6	63.5	76.1
111	6	12	29	2.4	5.4	1466.5	231.0	49.1	15.3	621.3	6.5	36.9	43.4
112	10	12	28	2.5	6.8	1457.0	435.1	22.1	24.6	1117.1	11.7	59.4	71.1
113	11	12	28	2.9	8.4	1453.1	494.1	18.5	27.5	1298.3	13.6	66.5	80.1
114	9	12	29	3.4	9.1	1444.7	406.2	22.9	23.1	1061.5	11.1	55.8	66.9
115	9	12	29	3.1	8.1	1441.7	405.1	22.9	23.0	1035.1	10.8	55.7	66.5
116	10	12	28	3.2	8.4	1434.4	433.8	22.1	24.5	1121.6	11.7	59.3	71.0
117	8	12	30	3.6	9.2	1433.2	370.7	24.4	21.3	951.3	9.9	51.4	61.4
118	10	12	29	3.1	8.4	1428.4	465.8	18.8	26.0	1176.1	12.3	62.9	75.2
119	9	12	29	3.3	8.4	1427.6	403.8	22.9	23.0	1025.9	10.7	55.5	66.2
120	9	12	29	3.3	8.4	1427.6	403.8	22.9	23.0	1025.9	10.7	55.5	66.2
121	7	12	29	2.7	5.9	1423.6	285.0	36.7	17.4	719.9	7.5	42.1	49.7
122	8	12	29	3.3	7.6	1414.8	342.5	28.5	20.0	860.5	9.0	48.4	57.4

续附录B

序号	N_t	n_t	d_o	P_f	H_f	K	ΔP_o	ΔP_i	W_p	M	C_{ini}	C_{op}	C
	排	根	mm	mm	mm	W/(m² · K)	Pa	kPa	kW	kg	万元	万元	万元
123	6	12	29	2.6	5.2	1410.2	228.7	49.1	15.2	589.4	6.2	36.6	42.8
124	10	12	29	3.5	9.1	1404.2	463.8	18.8	25.9	1162.4	12.1	62.7	74.8
125	9	12	29	3.3	7.9	1403.3	401.5	22.9	22.8	989.6	10.3	55.2	65.5
126	10	12	29	3.5	8.9	1396.1	462.8	18.8	25.9	1146.6	12.0	62.5	74.5
127	9	12	30	3.2	7.8	1394.0	431.4	19.5	24.3	1027.5	10.7	58.6	69.3
128	9	12	30	3.2	7.8	1394.0	431.4	19.5	24.3	1027.5	10.7	58.6	69.3
129	10	12	28	2.6	6.1	1392.5	428.9	22.1	24.3	1030.7	10.8	58.6	69.4
130	8	12	29	2.7	5.8	1387.9	340.7	28.5	19.9	815.7	8.5	48.2	56.7
131	7	12	29	2.7	5.4	1382.5	283.0	36.7	17.3	689.1	7.2	41.9	49.1
132	8	12	29	3.3	6.9	1374.2	339.7	28.5	19.9	817.0	8.5	48.0	56.6
133	6	12	29	3.9	7.3	1374.0	227.8	49.1	15.1	587.3	6.1	36.5	42.7
134	9	12	29	3.7	8.2	1366.0	399.1	22.9	22.7	957.9	10.0	54.9	64.9
135	10	12	28	2.8	6.1	1360.8	426.4	22.1	24.1	996.7	10.4	58.3	68.7
136	11	12	28	2.6	5.9	1354.9	482.4	18.5	26.9	1113.8	11.6	65.0	76.7
137	6	12	29	3.8	6.7	1349.9	226.6	49.1	15.1	569.8	6.0	36.4	42.3
138	8	12	29	2.9	5.7	1349.0	338.3	28.5	19.8	784.7	8.2	47.8	56.0
139	7	12	29	3.9	7.3	1347.1	281.8	36.7	17.3	685.2	7.2	41.7	48.9
140	9	12	28	3.6	7.2	1343.8	369.5	26.9	21.4	876.2	9.2	51.6	60.8
141	10	12	28	2.9	6	1338.9	424.6	22.1	24.0	973.5	10.2	58.1	68.2
142	10	12	30	3.6	8.2	1335.4	490.6	16.0	27.2	1111.6	11.6	65.7	77.3
143	10	12	29	3.3	7	1330.2	455.2	18.8	25.5	1029.0	10.8	61.5	72.3
144	8	12	30	3.9	7.7	1328.5	362.7	24.4	20.9	829.7	8.7	50.4	59.1
145	8	12	29	3.6	6.6	1317.1	336.4	28.5	19.7	770.7	8.1	47.6	55.7
146	7	12	29	3.4	5.8	1312.2	279.8	36.7	17.2	650.0	6.8	41.5	48.3
147	8	12	29	3.5	6.1	1296.9	335.4	28.5	19.7	751.4	7.9	47.5	55.3
148	10	12	29	2.9	5.6	1294.0	452.1	18.8	25.3	972.7	10.2	61.1	71.3
149	10	12	28	3.7	6.8	1287.3	421.1	22.1	23.9	935.3	9.8	57.6	67.4
150	6	12	29	3.5	5.3	1285.4	224.6	49.1	14.9	530.9	5.5	36.1	41.7
151	8	12	29	3.6	6	1278.3	334.3	28.5	19.6	738.0	7.7	47.3	55.0
152	6	12	29	3.5	5.1	1268.9	224.1	49.1	14.9	522.9	5.5	36.0	41.5
153	10	12	29	2.9	5.2	1264.1	449.7	18.8	25.2	940.3	9.8	60.8	70.7

续附录 B

序号	N_t	n_t	d_o	P_f	H_f	K	ΔP_o	ΔP_i	W_p	M	C_{ini}	C_{op}	C
	排	根	mm	mm	mm	W/(m^2·K)	Pa	kPa	kW	kg	万元	万元	万元
154	10	12	28	3.7	6.3	1257.6	419.0	22.1	23.7	902.6	9.4	57.4	66.8
155	7	12	29	3.7	5.4	1246.4	277.3	36.7	17.0	612.1	6.4	41.1	47.5
156	10	12	28	3.6	5.8	1236.7	417.2	22.1	23.6	879.5	9.2	57.1	66.3
157	11	12	28	3.3	5.5	1231.3	471.7	18.5	26.3	976.5	10.2	63.6	73.8
158	10	12	29	3.6	5.8	1222.5	446.4	18.8	25.0	909.2	9.5	60.4	69.9
159	6	12	29	4	5.1	1213.6	222.5	49.1	14.8	500.8	5.2	35.8	41.1
160	9	12	29	3.7	5.4	1204.5	387.7	22.9	22.1	786.9	8.2	53.4	61.6
161	10	12	28	3.8	5.5	1195.4	414.7	22.1	23.5	844.2	8.8	56.8	65.6
162	8	12	29	3.9	5.2	1189.6	330.5	28.5	19.4	677.7	7.1	46.8	53.9
163	9	12	29	3.8	5.3	1187.5	386.4	22.9	22.0	774.5	8.1	53.3	61.3
164	10	12	30	3.6	5.3	1176.0	475.3	16.0	26.4	905.1	9.5	63.8	73.2
165	11	12	28	3.7	5.3	1174.1	468.0	18.5	26.2	923.4	9.6	63.2	72.8
166	11	12	28	3.8	5.3	1164.5	466.9	18.5	26.1	915.4	9.6	63.0	72.6
167	10	12	29	3.8	5.2	1162.0	442.3	18.8	24.8	854.4	8.9	59.9	68.8
168	10	12	30	3.8	5.2	1149.8	473.3	16.0	26.3	882.7	9.2	63.5	72.7
169	10	12	30	3.8	5.2	1149.8	473.3	16.0	26.3	882.7	9.2	63.5	72.7
170	11	12	29	3.8	5.2	1144.4	498.9	15.7	27.6	939.9	9.8	66.8	76.6
171	11	12	29	3.8	5.1	1137.6	498.4	15.7	27.6	933.2	9.8	66.7	76.4
172	11	12	28	4	5.1	1132.4	465.0	18.5	26.0	887.7	9.3	62.8	72.1
173	11	12	29	4	5.2	1126.4	497.8	15.7	27.6	924.6	9.7	66.6	76.3
174	11	12	29	4	5.1	1119.8	497.3	15.7	27.6	918.2	9.6	66.6	76.2
175	11	12	29	4	5	1113.1	496.9	15.7	27.5	911.9	9.5	66.5	76.0

附录C 电厂氢冷器原始计算程序

程序

```
% Fitness function for the optimization of hydrogen cooler using GA
% Zhapian
% to calculate the performance of the initial hydrogen cooler (staggered)

function Y=hydrogen_z0
x=[8 22 2.5 19 7.1];% initial structural parameters

%%% design variables %%%
Nt=x(1);% number of tube rows
nt=x(2);% number of tubes per row
Pf=x(3);% number of fins per tube
do=x(4);% outside diameter of tube,mm
Hf=x(5);% fin height,mm

Nt=round(Nt);% integers (four out and five in)
nt=floor(nt);
nt=nt+mod(nt,2);% even integers
Pf=round(Pf*10)/10; % accurate to 0.1
do=round(do);% integers
Hf=round(Hf*10)/10;% accurate to 0.1
Pf=Pf/1000;% m
do=do/1000;% m
Hf=Hf/1000;% m

%%% known variables %%%

Q1=9400*1000;% total heat transfer rate (for 4 hydrogen coolers),W
th1=74;% inlet hydrogen temperature,¡æ
th2=38;% outlet hydrogen temperature,¡æ
tw1=33;% inlet water temperature,¡æ
tw2=46;% outlet water temperature,¡æ

cph=14409;% specific heat at constant pressure of hydrogen,J/(kg·K)
rh=0.301;% density of hydrogen,kg/m3
kh=0.194;% thermal conductivity of hydrogen,W/(m·K)
```

```
miuh=9.474/1000000;% Dynamic viscosity of hydrogen,kg/(m s)
cpw=4174;% specific heat at constant pressure of water,J/(kg·K)
rw=992.2;% density of water,kg/m3
kw=0.635;% thermal conductivity of water,W/(m·K)

miuw=6.533/10000;% Dynamic viscosity of water,kg/(m s)
miub=miuw;% Dynamic viscosity of water at wall temperature,kg/(m s)
kt=29.4;% tube thermal conductivity,W/(m·K)
rt=8940;% tube density,kg/m3
kf=388;% fin thermal conductivity,W/(m·K)
rf=8890;% fin density,kg/m3

rc=rf;% fin collar density,kg/m3
thickt=1/1000;% tube thickness,m
thickf=0.4/1000;% fin thickness,m
thickc=0.4/1000;% fin collar thickness,m
L=4315/1000;% length,m
W=360/1000;% width,m
H=800/1000;% height,m
Np=2;% tube pass

itao=0.6;% hydrogen fan efficiency
itai=0.78;% water pump efficiency
cini=95;% initial cost coefficient,yuan/kg
cM=1.1;% ratio of total weight to core heat transfer part weight of hydrogen cooler
cop=0.3525;% operating cost coefficiency,yuan/kWh
Ny=9;% normal life period of hydrogen cooler,3*3years=9years
ty=7614.5; % normal operating time per year,360*20=7200h

Qd=3.2*Q1/3;% total design heat transfer rate,W
mh1=Qd/(cph*(th1-th2));% total hydrogen flow rate,kg/s
mw1=Qd/(cpw*(tw2-tw1));% total water flow rate,kg/s
mh=mh1/2;% hydrogen flow rate for one hydrogen cooler,kg/s
mw=mw1/4;% water flow rate for one hydrogen cooler,kg/s

Pt=H/nt;% tube pitch,m
Pl=W/Nt;% row pitch,m
nf=L/Pf; % number of fins
```

```
nf=round(nf);% integer
dc=do+2*thickc;% fin collar outside diameter,m
df=dc+2*Hf;% fin outside diameter,m
di=do-2*thickt;% tube inside diameter,m

Amin=((Pt-dc)*(Pf-thickf)+thickf*(Pt-df))*nf*nt;% minimum area,m2
Af=(pi/2*(df^2-dc^2)+pi*df*thickf)*nf*nt*Nt;% fin area,m2
At=pi*dc*(Pf-thickf)*nf*nt*Nt;% tube outside area,m2
Ao=Af+At;% total outside area,m2
Ab=pi*do*L*nt*Nt;% outside area of bare tubes,m2
Ai=pi*di*L*nt*Nt;% tube inside area,m2

Gmax=mh/Amin;% % mass flux of air based on minimum flow area,kg/(m2·s)
Reo=dc*Gmax/miuh;% hydrogen side Reynolds number
Pro=cph*miuh/kh;% Prandtl number
Gi=4*Np*mw/(nt*Nt*pi*(di^2));% mass flux of water side inside the tube,kg/s
Rei=di*Gi/miuw;
Pri=cpw*miuw/kw;

%%% heat transfer coefficient,K %%%

hf=0.1378*kh/dc*Reo^0.718*Pro^(1/3)*((Pf-thickf)/Hf)^0.296;% hydrogen side heat
transfer coeficient,staggered
layout=1;
mL=(Hf+thickf/2)*(2*hf/kf/thickf)^0.5*(1+Hf/dc)^0.5;
itaf=(tanh(mL))/mL; % fin efficiency
ho=hf*itaf*Ao/Ab;% hydrogen side heat transfer coefficient,W/(m2·K)

if Rei<=2100
     hi=1.86*kw/di*(Rei*Pri*(di/L))^(1/3)*(miuw/miub)^0.14;% water side heat
transfer coefficient,W/(m2 K)
elseif Rei>10000
     hi=0.027*kw/di*Rei^0.8*Pri^(1/3)*(miuw/miub)^0.14;
else
     hi=0.116*kw/di*(Rei^(2/3)-125)*(1+(di/L)^(2/3))*Pri^(1/3)*(miuw/miub)
^0.14;
end
```

```
ro=0.0006;
Ro=ro*Ab/Ao;% hydrogen side fouling resistance,(m^2·K)/W
ri=0.00017;
Ri=ri*Ab/Ai;% water side fouling resistance,(m^2·K)/W
Rt=do/2/kt*log(do/di);% thermal resistance of tube wall,(m^2·K)/W
Rj=0;% contact thermal resistance,(m^2·K)/W
K=(1/ho+Ab/Ai/hi+Ro+Ri+Rt+Rj)^(-1);% total heat transfer coefficient,W/(m^2·K)

%%% pressuredrop %%%

fo=37.86*Reo^(-0.316)*(Pt/dc)^(-0.927)*(Pt/(Pl^2+(Pt/2)^2)^0.5)^0.515;% coefficient of friction outside the tube,staggered
deltaPo=fo*Nt*Gmax^2/2/rh;% air side pressure drop

kesi=0.6+0.4*log(10300*ri+2.7);% scaling compensation coefficient
if Rei<1000
    fi=67.63*Rei^(-0.9873);% water side heat transfer coefficient,(m^2·K)/W
elseif Rei>100000
    fi=0.2864*Rei^(-0.2258);
else
    fi=0.4513*Rei^(-0.2653);
end
deltaPl=fi*Gi^2*0.5/rw*Np*L/di*(miuw/miub)^(-0.14);% straight pipe section pressure drop,Pa
deltaPr=4*Np*Gi^2/2/rw;% bend section pressure drop,Pa
deltaPN=1.5*Gi^2/2/rw;% headers pressure drop,Pa
deltaPi=kesi*(deltaPl+deltaPr)+deltaPN;% water side pressure drop,Pa

%%% total cost,C %%%

Mt=0.25*pi*(do^2-di^2)*L*rt*nt*Nt;% tube weight,kg
Mc=0.25*pi*(dc^2-do^2)*L*rc*nt*Nt;% fin collar weight,kg
Mf=0.25*pi*(df^2-dc^2)*thickf*nf*rf*nt*Nt;% fin weight,kg
M=Mt+Mc+Mf;% total weight of core heat transfer part,kg
Cini=cini*cM*M;% initial cost,yuan

Wp=mh*deltaPo/(itao*rh)+mw*deltaPi/(itai*rw);% total pumping power,W
Cop=cop*Wp*Ny*ty/1000;% operating cost,yuan
```

```
C=Cini+Cop;% total cost,yuan

%%% output-write %%%

Y=[Nt,nt,Pt*1000,Pl*1000,nf,do*1000,df*1000,Pf*1000,K,deltaPo,deltaPi,M,Wp,
Cini,Cop,C,layout,dc*1000,Hf*1000,Reo,Rei,Ao,ho,hi];%output totally 24 variables
xlswrite('hydrogen_z1',Y,'B4:Y4');
xlswrite('hydrogen_z2',Y,'B4:Y4');
xlswrite('hydrogen_z3',Y,'B4:Y4');
xlswrite('hydrogen_z4',Y,'B4:Y4');
```

附录 D　本书符号说明

符号	含　义	单　位
A	面　积	m^2
A_b	换热管光管外表面积	m^2
A_o	总的表面面积	m^2
c_p	定压比热	J/(kg · K)
c_{ini}	单位质量初投资成本系数	元/kg
c_M	氢冷器总质量与核心部分质量的比值	
c_{op}	电价	元/(kW · h)
C	成本	元
d	直径	m
d_c	带复层厚度的外直径	m
d_e	当量直径	m
d_h	水力直径	m
e	煅耗散密度	$W \cdot K/m^3$
E	煅耗散	W · K
f	阻力因子	
F	温差修正系数	
G	质量流速	$kg/(m^2 \cdot s)$
h	换热系数	$W/(m^2 \cdot K)$
H	高度	m
j	换热因子	
L	长度	m
m	质量流量	kg/s
M	质量	kg
n_f	翅片数	
n_{gen}	遗传代数	
n_t	每排管数	
N_p	管程数	
N_t	管排数	
N_y	正常使用年限	

续附录D

符号	含 义	单 位
NTU	传热单元数	
P_f	翅片间距	m
P_l	排间距	m
P_r	普朗特数	
P_t	管间距	m
ΔP	压力损失	Pa
ΔP_l	直管段压力损失	Pa
ΔP_N	管头压力损失	Pa
ΔP_r	弯管部分压力损失	Pa
Q	换热量	W
r	换热管半径	m
R	热阻	$m^2 \cdot K/W$
R_e	雷诺数	
R_E	换热器炽耗散热阻	K/W
t	温度	℃
t_y	平均每年运行时间	h
T	温度	K
ΔT	传热温差	K
ΔT_{ln}	对数平均温差	K
U	总的换热系数	$W/(m^2 \cdot K)$
v	流速	m/s
V	体积	m^3
W	宽度	m
W_p	总泵功	W
δ	厚度	m
ε	换热器效能	
ξ	污垢校正系数	
η	总的泵效率	
η_o	表面效率	
η_f	翅片效率	
ρ	密度	kg/m^3

续附录 D

符号	含　义	单　位
σ	最小面积与迎风面积比值	
ϕ	黏度修正系数	
λ	导热系数	W/(m · K)
μ	动力黏度	kg/(m · s)
μ_b	壁面温度下的动力黏度	kg/(m · s)
	下标	
1	入口	
2	出口	
a	空气	
f	翅片	
h	氢气	
i	管内侧(水侧)	
ini	初投资	
m	平均值	
t	管子	
w	水	
max	最大值	
min	最小值	
o	管外侧(空气或氢气侧)	
op	运行	

参考文献

[1] Guo J F, Xu M T. The application of entransy dissipation theory in optimization design of heat exchanger [J]. Applied Thermal Engineering, 2012, 36: 227-235.

[2] Najafi H, Najafi B, Hoseinpoori P. Energy and cost optimization of a plate and fin heat exchanger using genetic algorithm [J]. Applied Thermal Engineering, 2011, 31: 1839-1847.

[3] 吴恩, 周帼彦, 涂善东. 紧凑式换热器性能比较及经济性分析 [J]. 石油化工设备, 2006, 35 (3): 43-47.

[4] Xie G N, Sunden B, Wang Q W. Optimization of compact heat exchangers by a genetic algorithm [J]. Applied Thermal Engineering, 2008, 28: 895-906.

[5] 余建祖, 谢永奇, 高红霞. 换热器原理与设计 [M]. 2版. 北京: 北京航空航天大学出版社, 2019.

[6] Kundu B, Das P K. Performance and optimum dimensions of flat fins for tube-and-fin heat exchangers: A generalized analysis [J]. International Journal of Heat Fluid Flow, 2009, 30: 658-668.

[7] Rao R V, Patel V K. Thermodynamic optimization of cross flow plate-fin heat exchanger using a particle swarm optimization algorithm [J]. International Journal of Thermal Science, 2012, 49: 1712-1721.

[8] Gen M, Cheng R W. Genetic algorithms and engineering design [M]. New Jersey: John Wiley & Sons Inc, 1997.

[9] Guo D C, Liu M, Xie L Y, et al. Optimization in plate-fin safety structure of heat exchanger using genetic and Monte Carlo algorithm [J]. Applied Thermal Engineering, 2014, 70: 341-349.

[10] 刘纪福. 翅片管换热器的原理与设计 [M]. 哈尔滨: 哈尔滨工业大学出版社, 2013.

[11] Shah R K, Sekulic D P. Fundamentals of Heat Exchanger Design [M]. USA: John Wiley & Sons Inc, 2003.

[12] 张栋博, 段明哲, 张志刚, 等. 板式换热器优化设计方法综述 [J]. 化学工程与装备, 2015 (6): 217-219.

[13] 矫明, 徐宏, 程泉, 等. 新型高效换热器发展现状及研究方向 [J]. 化工设计通讯, 2007, 33 (3): 50-55.

[14] Holland J H, Reitman J S. Cognitive systems based on adaptive algorithmsl [J]. Pattern-Directed Inference Systems, 1978: 313-329.

[15] 周明, 孙树栋. 遗传算法原理及应用 [M]. 北京: 国防工业出版社, 2002.

[16] 刘杰. 基于遗传算法的通信基站用热管换热器的优化研究 [D]. 邯郸: 河北工程大学, 2009.

[17] 雷英杰, 张善文, 李续武, 等. Matlab 遗传算法工具箱及应用 [M]. 西安: 西安电子科技大学出版社, 2005.

[18] 谭尚进. 遗传算法在板翅式换热器优化设计中的应用 [D]. 合肥: 安徽工业大

学，2013.

[19] Bagley J D. The behavior of adaptive systems which employ genetic and correlation algorithms [D] . Michigan：University of Michigan，Ann Arbor，1967.

[20] Holland J H. Adaptation in Natural and Artificial Systems [M] . Michigan：University of Michigan Press，Ann Arbor，1975.

[21] De Jong K A. An analysis of the behavior of a class of genetic adaptive systems [D]. Michigan：University of Michigan，Ann Arbor，1975.

[22] Grefenstette J J. Optimization of control parameters for genetic algorithms [J]. IEEE Transactions on Systems，Man and Cybernetics，1986：122-128.

[23] Baker J E. Reducing bias and inefficiency in the selection algorithm [C] . Proceedings of the 2nd International Conference on Genetic Algorithms，Massachustts Institute of Technology，Cambridge，1987：14-21.

[24] Goldberg D E. Genetic algorithms in search，optimization and machine learning [M]. Massachusetts：Addison-Wesley Publishing Co. Inc.，1989.

[25] Bi W，Dandy G C，Maier H R. Improved genetic algorithm optimization of water distribution system design by incorporating domain knowledge [J]. Environmental Modelling & Software，2015，69 (jul)：370-381.

[26] Hu X Z，Chen X Q，Zhao Y，et al. Optimization design of satellite separation systems based on Multi-Island Genetic Algorithm [J]. Advances in Space Research，2014，53 (5)：870-876.

[27] Ismail M S，Moghavvemi M，Mahlia T M I. Genetic algorithm based optimization on modeling and design of hybrid renewable energy systems [J]. Energy Conversion and Management，2014，85：120-130.

[28] Cho H J，Cho K B，Wang B H. Fuzzy-PID hybrid control：Automatic rule generation using genetic algorithms [J]. Fuzzy Sets and Systems，1997，92 (3)：305-316.

[29] Onieva E，Naranjo J E，Milanes V，et al. Automatic lateral control for unmanned vehicles via genetic algorithms [J]. Applied Soft Computing，2011，11 (1)：1303-1309.

[30] Belisario L S，Pierreval H. Using genetic programming and simulation to learn how to dynamically adapt the number of cards in reactive pull systems [J]. Expert Systems with Applications，2015，42 (6)：3129-3141.

[31] Castelli M，Vanneschi L，Felice M D. Forecasting short-term electricity consumption using a semantics-based genetic programming framework：The South Italy case [J]. Energy Economics，2015，47：37-41.

[32] Chi H M，Ersoy O K，Moskowitz H，et al. Modeling and optimizing a vendor managed replenishment system using machine learning and genetic algorithms [J]. European Journal of Operational Research，2007，180 (1)：174-193.

[33] Alexandre E，Cuadra L，Salcedo-Sanz S，et al. Hybridizing extreme learning machines and genetic algorithms to select acoustic features in vehicle classification applications [J]. Neurocomputing，2015，152 (25)：58-68.

[34] Snyers D, Petillot Y. Image processing optimization by genetic algorithm with a new coding scheme [J]. Pattern Recognition Letters, 1995, 16 (8): 843-848.

[35] Hoseini P, Shayesteh M G. Efficient contrast enhancement of images using hybrid ant colony optimisation, genetic algorithm, and simulated annealing [J]. Digital Signal Processing, 2013, 23 (3): 879-893.

[36] Perez-Vazquez M E, Gento-Municio A M, Lourenco HR. Solving a concrete sleepers production scheduling by genetic algorithms [J]. European Journal of Operational Research, 2007, 179 (3): 605-620.

[37] Ko C H, Wang S F. Precast production scheduling using multi-objective genetic algorithms [J]. Expert Systems with Applications, 2011, 38 (7): 8293-8302.

[38] Qu H, Xing K, Alexander T. An improved genetic algorithm with co-evolutionary strategy for global path planning of multiple mobile robots [J]. Neurocomputing, 2013, 120: 509-517.

[39] Nikdel P, Hosseinpour M, Badamchizadeh M A, et al. Improved Takagi- Sugeno fuzzy model-based control of flexible joint robot via Hybrid-Taguchi genetic algorithm [J]. Engineering Applications of Artificial Intelligence, 2014, 33: 12-20.

[40] Gosselin L, Tye-Gingras M, Mathieu-Potvin F. Review of utilization of genetic algorithms in heat transfer problems [J]. International Journal of Heat and Mass Transfer, 2009, 52 (9/10): 2169-2188.

[41] Selbas RO, Kizilkan M, Reppich M. A new design approach for shell-and-tube heat exchangers using genetic algorithms from economic point of view [J]. Chemical Engineering Process, 2006, 45: 268-275.

[42] Ponce J M, Serna M, Jimenez A. Use of genetic algorithms for the optimal design of shell-and-tube heat exchangers [J]. Applied Thermal Engineering, 2009, 29: 203-209.

[43] Guo J F, Cheng L, Xu M T. Optimization design of shell-and-tube heat exchanger by entropy generation minimization and genetic algorithm [J]. Applied Thermal Engineering, 2009, 29: 2954-2960.

[44] Amini M, Bazargan M. Two objectiveoptimization in shell-and-tube heat exchangers using genetic algorithm [J]. Applied Thermal Engineering, 2014, 69: 278-285.

[45] Khosravi R, Khosravi A, Nahavandi S, et al. Effectiveness of evolutionary algorithms for optimization of heat exchangers [J]. Energy Conversion and Management, 2015, 89: 281-288.

[46] Ponce J M, Serna M, Rico V, et al. Optimal design of shell-and-tube heat exchangers using genetic algorithms [J]. Computer Chemical Engineering, 2006, 21: 985-990.

[47] Ozcelik Y. Exergetic optimization of shell and tube heat exchangers using a genetic based algorithm [J]. Applied Thermal Engineering, 2007, 27: 1849-1856.

[48] Babu B V, Munawar S A. Differential evolution strategies for optimal design of shell-and-tube heat exchangers [J]. Chemical Engineering Science, 2007, 62 (14): 3720-3739.

[49] Wildi-Tremblay P, Gosselin L. Minimizing shell-and-tube heat exchanger cost with genetic

algorithms and considering maintenance [J]. International Journal of Energy Research, 2007, 31 (9): 867-885.

[50] Allen B, Gosselin L. Optimal geometry and flow arrangement for minimizing the cost of shell-and-tube condensers [J]. International Journal of Energy Research, 2008, 32 (10): 958-969.

[51] Mishra M, Das P K, Sarangi S. Optimum design of cross flow plate-fin heat exchangers through genetic algorithm [J]. International Journal of Heat Exchanger, 2004, 5: 379-402.

[52] Mishra M, Das P K, Sarangi S. Secondlaw based optimisation of cross flow plate-fin heat exchanger design using genetic algorithm [J]. Applied Thermal Engineering, 2009, 29: 2983-2989.

[53] Mishra M, Das P K. Thermo-economic design-optimisation of cross flow plate-fin heat exchanger using genetic algorithm [J]. International Journal of Exergy, 2009, 6: 237-252.

[54] Ghosh S, Ghosh I, Pratihar D K, et al. Optimum stacking pattern for multi-stream plate-fin heat exchanger through a genetic algorithm [J]. International Journal of Thermal Science, 2011, 50: 214-224.

[55] Peng H, Ling X. Optimal design approach for the plate-fin heat exchangers using neural networks cooperated with genetic algorithms [J]. Applied Thermal Engineering, 2008, 28: 642-650.

[56] Yousefi M, Enayatifar R, Darus A N. Optimal design of plate-fin heat exchangers by a hybrid evolutionary algorithm [J]. International Communications Heat and Mass Transfer, 2012, 39: 258-263.

[57] Zhao M, Li Y Z. An effective layer pattern optimization model for multi-stream plate-fin heat exchanger using genetic algorithm [J]. International Journal of Heat and Mass Transfer, 2013, 60: 480-489.

[58] Wang Z, Li Y Z, Zhao M. Experimental investigation on the thermal performance of multi-stream plate-fin heat exchanger based on genetic algorithm layer pattern design [J]. International Journal of Heat and Mass Transfer, 2015, 82: 510-520.

[59] Zarea H, Kashkooli F M, Mehryan A M, et al. Optimal design of plate-fin heat exchangers by a Bees Algorithm [J]. Applied Thermal Engineering, 2014, 69 (1-2): 267-277.

[60] Wu Z G, Ding G L, Wang K J, et al. Application of a genetic algorithm to optimize the refrigerant circuit of fin-and-tube heat exchangers for maximum heat transfer or shortest tube [J]. International Journal of Thermal Science, 2008, 47: 985-997.

[61] Sepehr S, Dehghandokht M. Modeling and multi-objective optimization of parallel flow condenser using evolutionary algorithm [J]. Applied Energy, 2011, 88: 1568-1577.

[62] Pettersson F, Soderman J. Design of robust heat recovery systems in paper machines [J]. Chemical Engineering and Processing, 2007, 46 (10): 910-917.

[63] Bjork K M, Nordman R. Solving large-scale retrofit heat exchanger network synthesis problems with mathematical optimization methods [J]. Chemical Engineering and Processing, 2005, 44 (8): 869-876.

[64] Luo X, Wen Q Y, Fieg G. A hybrid genetic algorithm for synthesis of heat exchanger networks

[J]. Computers & Chemical Engineering, 2009, 33 (6): 1169-1181.

[65] Allen B, Savard-Goguen M, Gosselin L. Optimizing heat exchanger networks with genetic algorithms for designing each heat exchanger including condensers [J]. Applied Thermal Engineering, 2009, 29 (16): 3437-3444.

[66] Soltani H, Shafiei S. Heat exchanger networks retrofit with considering pressure drop by coupling genetic algorithm with LP (linear programming) and ILP (integer linear programming) methods [J]. Energy, 2011, 36 (5): 2381-2391.

[67] Ravagnani M, Silva AP, Arroyo PA, et al. Heat exchanger network synthesis and optimisation using genetic algorithm [J]. Applied Thermal Engineering, 2005, 25 (7): 1003-1017.

[68] Rezaei E, Shafiei S. Heat exchanger networks retrofit by coupling genetic algorithm with NLP and ILP methods [J]. Computers & Chemical Engineering, 2009, 33 (9): 1451-1459.

[69] Liu X W, Luo X, Ma H G. Studies on the retrofit of heat exchanger network based on the hybrid genetic algorithm [J]. Applied Thermal Engineering, 2014, 62 (2): 785-790.

[70] Behroozsarand A, Soltani H. Hydrogen plant heat exchanger networks synthesis using coupled Genetic Algorithm-LP method [J]. Journal of Natural Gas Science and Engineering, 2014, 19: 62-73.

[71] 公茂果，焦李成，杨咚咚，等．进化多目标优化算法研究 [J]. 软件学报，2009，20 (2): 271-289.

[72] Deb K, Kalyanmoy D. Multiobjective optimization using evolutionary algorithms [J]. Wiley & Sons, 2001, 2 (3): 509.

[73] Fonseca C M, Fleming P J. Genetic Algorithms for Multiobjective Optimization: Formulation, Discussion and Generalization [J]. Proc International Coference on Genetic Algorithms, 1999: 416-423.

[74] 赵荣义，范存养，薛殿华，等．空气调节 [M]. 4 版. 北京：中国建筑工业出版社，2009.

[75] Guo Z Y, Zhu H Y, Liang X G. Entransy-A physical quantity describing heat transfer ability [J]. International Journal of Heat and Mass Transfer, 2007, 50: 2545-2556.

[76] Guo Z Y, Cheng X G, Xia Z Z. Least dissipation principle of heat transport potential capacity and its application in heat conduction optimization [J]. Chinese Science Bulletin, 2003, 48 (4): 406-410.

[77] 李志信，过增元．对流传热优化的场协同理论 [M]. 北京：科学出版社，2010.

[78] 韩光泽，过增元．导热能力损耗的机理及其数学表述 [J]. 中国电机工程学报，2007，27 (17): 98-102.

[79] 王松平，陈清林，张冰剑．炽传递方程及其应用 [J]. 科学通报，2009，54 (15): 2247-2251.

[80] 程广新．炽及其在传热优化中的应用 [D]．北京：清华大学，2004.

[81] 朱宏晔．基于炽耗散的最小热阻原理 [D]．北京：清华大学，2007.

[82] 韩光泽，过增元．不同目的的热优化目标函数：热量传递势容损耗与熵产 [J]. 工程热物

理学报，2007，28：811-813.

[83] Chen Q，Wang M，Pan N，et al. Irreversibility of heat conduction in complex multiphase systems and its application to the effective thermal conductivity of porous media [J]. International Journal of Nonlinear Science Numerical Simulation，2009，10：57-66.

[84] 朱宏晔，陈泽敬，过增元．煨耗散极值原理的电热模拟实验研究 [J]. 自然科学进展，2007，17 (12)：1692-1698.

[85] 孟继安．基于场协同理论的纵向涡强化换热技术及应用 [D]．北京：清华大学，2003.

[86] 苏欣，程新广，孟继安，等．层流场协同方程的验证及其性质 [J]. 工程热物理学报，2005，26：289-291.

[87] 苏欣，孟继安，程新广，等．圆筒内层流对流换热的最佳速度场及工程应用 [J]. 清华大学学报（自然科学版），2005，45：677-680.

[88] 吴晶，程新广，孟继安，等．层流对流换热中的势容耗散极值与最小熵产 [J]．工程热物理学报，2006，27：100-102.

[89] 魏琪．具体热源的湍流对流中热量传递势容耗散的界 [J]. 工程热物理学报，2008，29：1354-1356.

[90] 陈群，吴晶，任建勋．对流换热过程的热力学优化与传热优化 [J]. 工程热物理学报，2008，29：271-274.

[91] Chen Q，Wang M，Pan N，et al. Optimization principles for convective heat transfer [J]. Energy，2009，34 (9)：1199-1206.

[92] 陈群，任建勋．对流换热过程的广义热阻及其与煨耗散的关系 [J]. 科学通报，2008，53：1730-1736.

[93] 吴晶．热学中的势能煨及其应用 [D]．北京：清华大学，2009.

[94] 吴晶，梁新刚．煨耗散极值原理在辐射换热优化中的应用 [J]. 中国科学 E 辑（技术科学），2009，39：272-277.

[95] 程雪涛，徐向华，梁新刚．空间辐射器的等温化设计 [J]. 工程热物理学报，2010，31：1031-1033.

[96] Cheng X，Liang X. Entransy flux of thermal radiation and its application to enclosures with opaque surfaces [J]. International Journal of Heat and Mass Transfer，2011，54：269-278.

[97] 程雪涛，徐向华，梁新刚．非等温、非灰体不透明漫射固体表面组成的封闭空腔中的辐射煨流及其应用 [J]. 中国科学：技术科学，2011，41：1359-1368.

[98] 程雪涛，梁新刚．辐射煨耗散与空间辐射器温度场均匀化的关系 [J]. 工程热物理学报，2012，33：311-314.

[99] 吴晶．辐射对流耦合换热过程性能优化准则分析 [J]. 工程热物理学报，2013，34 (10)：1922-1925.

[100] 陈群，任建勋．传质势容耗散极值原理及通风排污过程的优化 [J]. 工程热物理学报，2007，28：505-507.

[101] 陈群，任建勋，过增元．质量积耗散极值原理及其在空间站通风排污过程优化中的应用 [J]．科学通报，2009，54：1606-1612.

[102] Chen Q, Ren J, Guo Z. Field synergy analysis and optimization of decontamination ventilation designs [J]. International Journal of Heat and Mass Transfer, 2008, 51: 873-881.

[103] Chen Q, Meng J. Field synergy analysis and optimization of the convective mass transfer in photocatalytic oxidation reactors [J]. International Journal of Heat and Mass Transfer, 2008, 51: 2863-2870.

[104] Chen Q, Yang K, Wang M, et al. A new approach to analysis and optimization of evaporative cooling system Ⅰ: Theory [J]. Energy, 2010, 35: 2448-2454.

[105] Chen Q, Pan N, Guo Z. A new approach to analysis and optimization of evaporative cooling system II: Applications [J]. Energy, 2011, 36: 2890-2898.

[106] 袁芳, 陈群. 间接蒸发冷却系统传热传质性能的优化准则 [J]. 科学通报, 2012, 57: 88-94.

[107] 宋伟明, 孟继安, 梁新刚, 等. 一维换热器中温差场均匀性原则的证明 [J]. 化工学报, 2008, 59: 2460-2464.

[108] 柳雄斌, 过增元, 孟继安. 换热器中的炽耗散与热阻分析 [J]. 自然科学进展, 2008, 18: 1186-1190.

[109] Guo Z, Liu X, Tao W, et al. Effectiveness-thermal resistance method for heat exchanger design and analysis [J]. International Journal of Heat and Mass Transfer, 2010, 53: 2877-2884.

[110] Cheng X, Zhang Q, Liang X. Analyses of entransy dissipation, entropy generation and entransy-dissipation-based thermal resistance on heat exchanger optimization [J]. Applied Thermal Engineering, 2012, 38: 31-39.

[111] 许明田, 程林, 郭江峰. 炽耗散理论在换热器设计中的应用 [J]. 工程热物理学报, 2009, 30: 2090-2092.

[112] 郭江峰, 程林, 许明田. 炽耗散数及其应用 [J]. 科学通报, 2009, 54: 2998-3002.

[113] 李孟寻, 程林, 许明田. 炽耗散理论在管壳式换热器优化设计中的应用 [J]. 工程热物理学报, 2010, 31: 1189-1192.

[114] 郭江峰, 许明田, 程林. 基于炽耗散数最小的板翅式换热器优化设计 [J]. 工程热物理学报, 2011, 32: 827-831.

[115] 郭江峰, 许明田, 程林. 两流体换热器内黏性热效应对炽耗散的影响 [J]. 中国科学(技术科学), 2011, 41: 621-627.

[116] 郭江峰, 许明田, 程林. 换热器内随温度变化的黏度对两流体炽的影响 [J]. 科学通报, 2011, 56: 1934-1939.

[117] 陈群, 吴晶, 王沫然, 等. 换热器组传热性能的优化原理比较 [J]. 科学通报, 2011, 56: 79-84.

[118] Cheng X, Liang X. Computation of effectiveness of two-stream heat exchanger networks based on concepts of entropy generation, entransy dissipation and entransy-dissipation-based thermal resistance [J]. Energy Conversion Management, 2012, 58: 163-170.

[119] Yun-Chao Xu, Qun Chen. Minimization of mass for heat exchanger networks in spacecrafts

based on the entransy dissipation theory [J]. International Journal of Heat and Mass Transfer, 2012, 55 (19/20): 5148-5156.

[120] 王怡飞，陈群．换热器组性能与（炽）耗散及其热阻的关系研究［J］. 工程热物理学报，2014，35（6）：1189-1193.

[121] 夏少军，陈林根，孙丰瑞．液-固相变过程炽耗散最小化［J］. 中国科学，2010，40（12）：1522-1529.

[122] 陈彦龙，王馨，滕小果．基于炽与熵产分析的最优相变温度研究［J］. 工程热物理学报，2012，33（9）：1597-1600.

[123] 陶于兵，何雅玲，刘永坤．炽耗散原理在相变储热过程优化中的应用［J］. 工程热物理学报，2014，35（5）：973-977.

[124] 冯辉君，陈林根，谢志辉，等．对流和辐射边界条件下轧钢加热炉壁绝热层炽构形优化［J］. 科学通报，2014，59（15）：1417-1422.

[125] Feng H J, Chen L G, Xie Z H, et al. Constructal entransy dissipation rate minimization for variable cross-section insulation layer of the steel rolling reheating furnace wall [J]. International Communications in Heat and Mass Transfer, 2014, 52: 26-32.

[126] Chen L G, Xiao Q H, Xie Z H, et al. T-shaped assembly of fins with constructal entransy dissipation rate minimization [J]. International Communications in Heat and Mass Transfer, 2012, 39 (10): 1556-1562.

[127] 肖庆华，陈林根，谢志辉，等．Y 形肋片炽耗散最小构形优化［J］. 工程热物理学报，2012，33（9）：1465-1470.

[128] 肖庆华，陈林根，孙丰瑞．基于炽耗散率最小的伞形柱状肋片构形优化［J］. 中国科学，2011，41（3）：365-373.

[129] 冯辉君，陈林根，孙丰瑞．基于炽耗散率最小的叶形肋片构形优化［J］. 2012，42（4）：456-466.

[130] Chen L G, Xiao Q H, Xie Z H, et al. Constructal entransy dissipation rate minimization for tree-shaped assembly of fins [J]. International Journal of Heat and Mass Transfer, 2013, 67: 506-513.

[131] Wei S H, Chen L G, Sun F R. Constructal entransy dissipation minimization of round tube heat exchanger cross-section [J]. International Journal of Thermal Sciences, 2011, 50 (7): 1285-1292.

[132] 肖庆华，陈林根，孙丰瑞．基于炽耗散极值原理的蒸汽发生器构形优化［J］. 中国科学，2011，41（8）：1090-1096.

[133] 肖庆华，陈林根，孙丰瑞．基于炽耗散率和流阻最小的冷却流道构形优化［J］. 中国科学，2011，41（2）：251-261.

[134] Liu X, Wang M, Meng J, et al. Minimum entransy dissipation principle for the optimization of transport networks [J]. International Journal of Nonlinear Science Numerical Simulation, 2010, 11: 113-120.

[135] 李秦宜，陈群．平板太阳能集热器传热性能的理论优化［J］. 科学通报，2011，56:

2819-2826.

[136] 张涛，刘晓华，涂壤，等．热学参数在建筑热湿环境营造过程中的适用性分析［J］．暖通空调，2011，41（3）：13-21.

[137] 杨凤叶，王珂，刘彤，等．炽耗散理论在超临界二氧化碳传热优化中的应用［J］．机械设计与制造，2013，10：84-86.

[138] Xu Y，Chen Q. An entransy dissipation-based method for globaloptimization of district heating networks［J］. Energy and Building，2012，48：50-60.

[139] 程雪涛，徐向华，梁新刚．炽在航天器热控流体并联回路优化中的应用［J］．中国科学（技术科学），2011，41：507-514.

[140] Wang C C，Webb R L，Chi K Y. Data reduction for air-side performance of fin-and-tube heat exchangers［J］. Experimental Thermal Fluid Science，2000，21：218-226.

[141] Wang C C，Chi K Y，Chang C J. Heat transfer and friction characteristics of plain fin-and-tube heat exchangers，part Ⅱ：Correlation［J］. International Journal of Heat and Mass Transfer，2000，43：2693-2700.

[142] Wang C C，Chi K Y. Heat transfer and friction characteristics of plain fin-and-tube heat exchangers，part Ⅰ：new experimental data［J］. International Journal of Heat and Mass Transfer，2000，43：2681-2691.

[143] Gnielinski V. New equation for heat and mass transfer in turbulent pipe and channel flow［J］. International Chemical Engineering，1976，16：359-368.

[144] Kays W M，London A. Compact Heat Exchangers［M］. 3rd ed. New York：Mcgraw-Hill，1984.

[145] 赖周平，张荣克．空气冷却器［M］．北京：中国石化出版社，2009.

[146] Huang S，Ma Z J，Cooper P. Optimal design of vertical ground heat exchangers by using entropy generation minimization method and genetic algorithm［J］. Energy Conversion and Management，2014，87：123-137.

[147] Zhou Y Y，Zhu L，Yu J L，et al. Optimization of plate-fin heat exchanger by minimizing specific entropy generation rate［J］. International Journal of heat and Mass Transfer，2014，78：942-946.

[148] 工业和信息化部. 干式风机盘管机组：JB/T 11524—2013［S］. 北京：机械工业出版社，2013.

[149] 建设部．风机盘管机组：GB/T 19232—2003［S］．北京：中国标准出版社，2003.

[150] 张秀平，徐北琼，田旭东，等．《干式风机盘管机组》标准中名义工况温度条件和产品基本规格的研究［J］．流体机械，2011，8：59-63.

[151] 吴小舟，赵加宁，魏建民．进风口变化时供暖型风机盘管性能的实验研究［R］．全国暖通空调制冷 2010 年学术年会资料集，2010.

[152] 吴小舟，赵加宁，魏建民．供暖型风机盘管散热量计算方法的探讨［J］．暖通空调，2010，40（7）：63-66.

[153] 吴俊峰，张秀平，王雷，等．干式风机盘管翅片管换热器流动换热的数值模拟与试验

对比［J］. 制冷与空调，2010，10（5）：59-62.

［154］曹阳，刘刚．干盘管换热器与湿盘管换热器热工性能试验研究［J］. 制冷学报，2010，31（4）：45-49.

［155］中华人民共和国 2021 年国民经济和社会发展统计公报．

［156］2015 年 BP 世界能源统计年鉴．

［157］杨勇平，杨志平，徐钢，等．中国火力发电能耗状况及展望［J］. 中国电机工程学报，2013（23）：1-11.

［158］顾守录，袁益超，刘聿拯．大型汽轮发电机通风冷却方式研究［J］. 能源研究与信息，2004，20（2）：79-85.

［159］金煦，袁益超，刘聿拯，等．大型空冷汽轮发电机冷却技术的现状与分析［J］. 大电机技术，2004（4）：33-37.

［160］焦晓霞，管春伟，李伟力，等．汽轮发电机不同冷却介质对定子传热特性的影响［J］. 电机与控制学报，2011，2：54-62，70.

［161］Moradnia P，Chernoray V，Nilsson H. Experimental assessment of a fully predictive CFD approach，for flow of cooling air in an electric generator［J］. Applied Energy，2014，124（7）：223-230.

［162］Moradnia P，Golubev M，Chernoray V，et al. Flow of cooling air in an electric generator model- An experimental and numerical study［J］. Applied Energy，2014，114（2）：644-653.

［163］Bejan A，Lorente S，Lee J，et al. Constructal design of gas-cooled electric power generators，self-pumping and atmospheric circulation［J］. International Journal of Heat & Mass Transfer，2015，91：647-655.

［164］Antonyuk O V，Gurevich Z I，Pafomov Y V. An experimental determination of the heat-transfer coefficients in the channels of a turbogenerator stator with air and hydrogen cooling［J］. Power Technology & Engineering，2014，48（3）：236-240.

［165］Kuosa M，Sallinen P，Reunanen A，et al. Numerical and experimental modelling of gas flow and heat transfer in the air gap of an electric machine. Part Ⅱ：Grooved surfaces［J］. Journal of Thermal Science，2005，14（1）：48-55.

［166］丁树业，李伟力，靳慧勇，等．发电机内部冷却气流状态对定子温度场的影响［J］. 中国电机工程学报，2006，3：131-135.

［167］靳慧勇，李伟力，马贤好，等．大型空冷汽轮发电机定子内流体速度与流体温度数值计算与分析［J］. 中国电机工程学报，2006，16：168-173.

［168］路义萍，李伟力，马贤好，等．大型空冷汽轮发电机转子温度场数值模拟［J］. 中国电机工程学报，2007，12：7-13.

［169］霍菲阳，李勇，李伟力，等．大型空冷汽轮发电机定子通风结构优化方案的计算与分析［J］. 中国电机工程学报，2010，6：69-75.

［170］宋厚彬．基于多场耦合计算的水轮发电机冷却通风特性分析与优化［D］. 哈尔滨：哈尔滨理工大学，2014.

[171] 中国发展和改革委员．会电机用气体冷却器：JB/T 2728—2008.［S］．北京：机械工业出版社，2008.

[172] 工业和信息化部．翅片管式换热设备技术规范：JB/T 11249—2012［S］．北京：机械工业出版社，2012.

[173] 康明，袁益超，陆文俊．汽轮发电机氢气冷却器传热及阻力性能试验研究［J］. 电站系统工程，2011，27（2）：13-15.

[174] 于新娜，江鸿，王静龙．汽轮发电机氢气冷却器换热特性数值模拟研究［J］. 自动化与仪器仪表，2015（1）：43-44，46.

[175] 唐跃．中型高压电机空气冷却器对内外风路的影响［D］．哈尔滨：哈尔滨理工大学，2013.

[176] 纪丽萍，刘聿拯，马有福，等．发电机空冷器传热与阻力特性研究［J］. 能源研究与信息，2009，25（3）：149-155.

[177] 刘伟军，吴思泰．整体挤压翅片管的电机空气冷却器的传热及阻力特性实验研究［J］. 大电机技术，1995（6）：36-40.

[178] 季怀杰．浅析水电站双管式空气冷却器应用［J］. 科技创新与应用，2014（23）：17-18.

[179] 刘建龙．大桥电厂 2#水轮机改造［J］. 科技创新与应用，2015（3）：5-6.

[180] 冯艳蓉，佟德利．节能型整体片式水轮发电机空气冷却器研发与应用［J］. 水电站机电技术，2010，4：8-10.

[181] 宋珺，杨豆思．葛洲坝自备电源电站发电机通风系统改造［J］. 人民长江，2013，4：69-72.

[182] Briggs D E，Young E H. Convection heat transfer and pressure drop of air flowing across triangular pitch banks of finned tubes［J］. Chemical Engineering Progress Symposium Series，1963，59（41）：1-10.

[183] Briggs D E，Young E H. Convection heat transfer and pressure drop of air flowing across triangular pitch banks of finned tubes［J］. Chemical Engineering Progress，Symp. Ser. 1963，59（41）：32-41.

[184] Incropera F P，DeWitt D P. Fundamentals of Heat and Mass Transfer［M］. New York：Wiley，2000.

[185] Xie G N，Wang Q W，Sunden B. Parametric study and multiple correlations on air-side heat transfer and friction characteristics of fin-and-tube heat exchangers with large number of large-diameter tube rows［J］. Applied Thermal Engineering，2009，29：1-16.

[186] Lee M Y，Kang T Y，Kim Y C. Air-side heat transfer characteristics of spiral-type circular fin-tube heat exchangers［J］. International Journal of Refrigeration，2010，33：313-320.

[187] Augusto O B，Rabeau S，Dépincé P，et al. Multi-objective genetic algorithms：A way to improve the convergence rate［J］. Engineering Applications of Artificial Intelligence，2006，19（5）：501-510.